未来科技

人工智能

张海霞　主编

〔美〕保罗·韦斯　〔澳〕切努帕蒂·贾格迪什　副主编
白雨虹

科学出版社
北　京

内 容 简 介

本书聚焦信息科学、生命科学、新能源、新材料等为代表的高科技领域，以及物理、化学、数学等基础科学的进展与新兴技术的交叉融合，其中70%的内容来源于IEEE计算机协会相关刊物内容的全文翻译，另外30%的内容由STEER Tech和iCANX Talks上的国际知名科学家的学术报告、报道以及相关活动内容组成。本书将以创新的方式宣传和推广所有可能影响未来的科学技术，打造具有号召力，能够影响未来科研工作者的世界一流的新型科技传播、交流、服务平台，形成“让科学成为时尚，让科学家成为榜样”的社会力量！

图书在版编目（CIP）数据

未来科技：人工智能/张海霞主编.—北京：科学出版社，2021.8

ISBN 978-7-03-069504-8

Ⅰ.未… Ⅱ.①张… Ⅲ.①人工智能 Ⅳ.①TP18

中国版本图书馆CIP数据核字（2021）第160970号

责任编辑：杨 凯 / 责任制作：付永杰 魏 谨

责任印制：师艳茹 / 封面制作：付永杰

北京东方科龙图文有限公司 制作

http://www.okbook.com.cn

科学出版社 出版

北京东黄城根北街16号

邮政编码：100717

http://www.sciencep.com

北京九天鸿程印刷有限责任公司 印刷

科学出版社发行各地新华书店经销

*

2021年8月第 一 版 开本：787×1092 1/16

2021年8月第一次印刷 印张：9 1/2

字数：191 000

定价：68.00元

（如有印装质量问题，我社负责调换）

编委团队

张海霞，北京大学信息科学技术学院，教授，博士生导师

现任全球华人微纳米分子系统学会秘书长，全球华人微米纳米技术合作网络执行主席，IEEE NTC北京分会主席，国际大学生iCAN创新创业大赛发起人，国际iCAN联盟主席，中国高校创新创业联盟教育研究中心学术委员等。2013年IEEE NEMS国际会议主席及其他10余个国际会议的组织者。2006年获得国家技术发明奖二等奖，2013年获得北京市教学成果奖二等奖，2014年获得日内瓦国际发明展金奖。长期致力于创新创业教育和人才培养，2007年发起国际大学生创新创业大赛（即iCAN大赛）并担任主席至今，每年有国内外20多个国家的数百家高校的上万名学生参加，在国内外产生较大影响且多次在中央电视台报道。在北大开设《创新工程实践》等系列创新课程，2016年作为全国第一门创新创业的学分慕课，开创了赛课相结合的iCAN创新教育模式，目前在全国30个省份的300余所高校推广。

保罗·韦斯（Paul S. Weiss），美国加州大学洛杉矶分校，教授

美国艺术与科学院院士，美国科学促进会会士，美国化学会、美国物理学会、IEEE、中国化学会等多个学会荣誉会士。1980年获得麻省理工学院学士学位，1986年获得加州大学伯克利分校化学博士学位，1986~1988年在AT&T Bell实验室从事博士后研究，1988~1989年在IBM Almaden研究中心做访问科学家，1989年、1995年、2001先后在宾夕法尼亚州立大学化学系任助理教授、副教授和教授，2009年加入加州大学洛杉矶分校化学与生物化学系、材料科学与工程系任杰出教授。现任*ACS Nano*主编。

切努帕蒂·贾格迪什（Chennupati Jagadish），澳大利亚国立大学，教授

澳大利亚科学院院士，澳大利亚国立大学杰出教授，澳大利亚科学院副主席，澳大利亚科学院物理学秘书长，曾任IEEE光子学执行主席，澳大利亚材料研究学会主席。1980年获得印度Andhra大学学士学位，1986年获得印度Delhi大学博士学位。1990年加入澳大利亚国立大学，创立半导体光电及纳米科技研究课题组。主要从事纳米线、量子点及量子阱外延生长、光子晶体、超材料、纳米光电器件、激光、高效率纳米半导体太阳能电池、光解水等领域的研究。2015年获得IEEE先锋奖，2016年获得澳大利亚最高荣誉国民奖。在*Nature Photonics*, *Nature Communication*等国际重要学术刊物上发表论文580余篇，获美国发明专利5项，出版专著10本。目前，担任国际学术刊物*Progress in Quantum Electronics*, *Journal Semiconductor Technology and Science*主编，*Applied Physics Reviews*, *Journal of Physics D*及*Beilstein Journal of Nanotechnology*杂志副主编。

白雨虹，中科院长春光机所，研究员

现为中科院长春光学精密机械与物理研究LIGHT中心主任，任职*Light: Science & Applications*常务副主编、《光学精密工程》执行主编。2012年，带领团队创办了中国首家完全开放获取在线出版的具有重要学术价值的光学类英文期刊*Light: Science & Applications*。该刊创办仅一年后，即被SCI和Scopus数据库收录，并于2014年7月获得首个影响因子8.476，直接进入Q1区，2015年第二个影响因子14.603，直接进入Q1区，在全世界光学领域一流期刊中影响因子名列第二，在全国5470种科技期刊中影响因子名列第一。同时，在她的努力下，《光学精密工程》学术影响力也显著提升，先后获得中国精品科技期刊、中国百种杰出学术期刊、中国科学院择优支持期刊等荣誉。特别是2013年，该刊获得了中国新闻出版政府奖期刊提名奖。

Computer

IEEE COMPUTER SOCIETY http://computer.org // +1 714 821 8380
COMPUTER http://computer.org/computer // computer@computer.org

Digital Object Identifier 10.1109/MC.2021.3055707

目录

未来科技探索

iCANX 人物

科学派

科学新星

未来科学家

学术江湖

未来科技探索

复杂交通环境下的“最后一公里”自动配送车

文 | Bai Li 京东

Shaoshan Liu 普思英察（Perceptln）

Jie Tang 华南理工大学

Jean-Luc Gaudiot 加州大学尔湾分校

Liangliang Zhang，Qi Kong 京东

译 | 程浩然

本文介绍了一种在具有挑战性的交通条件下的“最后一公里配送”的技术解决方案，同时展示了公司自动驾驶汽车各模块的方法，以及安全保障策略。

物流服务是电子商务的一个重要组成部分，其职责是安全、及时地将货物交付给客户。在这里，“最后一公里配送”是指货物从当地配送中心到最终收件人的配送过程。作为电子商务配送过程的最后阶段，因为其复杂的交通环境，最后一公里自动配送具有极大的挑战性。

最后一公里自动配送服务的主要动机在于传统的最后一公里配送的固有劣势：

（1）快速增长的劳动力成本可能对中国领先的电商公司（如京东）的持续运营和扩张非常不利。事实上，从我们的运营数据来看，一个年薪近20 000美元的签约快递员每天可以递送110个电子商务包裹，这意味着每次配送的成本接近0.5美元。随着中国人口红利的结束，这一成本预计还会继续增加。

（2）最后一公里配送会浪费大量的工作时间。快递员需要投入时间反复联系消费者、等待提货、在路上奔波，让人们无暇去做其他更有创造性的工作。幸运的是，自动驾驶技术刚好可以解决这个问题。使用自动驾驶汽车代替快递员的好处在于以下几个方面：

①受天气条件和时间的影响较小。理想情况下，无人驾驶汽车能够及时响应消费者7×24小时的电子商务订单，这对于深夜紧急供应（例如医疗相关订单）和夜班工作人员尤为重要。

②同样，由于无人驾驶汽车设计为7×24小时运行，相比传统的8小时工作时间其具有更多的时间灵活性，这使得客户可以更灵活地规划时间来接收包裹。

③大大降低了人力招聘、培训、管理等方面的成本。

④自动驾驶汽车系统可以提高快递员与共享公共交通基础设施的其他人的安全和效率。它还通过减少快递员与客户之间的互动，有效防止严重急性呼吸系统综合征和COVID-19等空气传播疾病的传播。

因此，部署自动驾驶车辆进行最后一公里配送是一种有希望克服这些缺点的方法。

物流服务是电子商务的一个重要组成部分，其职责是安全、及时地将货物交付给客户

复杂交通条件下的自动配送技术

自动驾驶技术在过去几年中得到了广泛的研究[1,2]。然而，复杂环境中的交通条件更具挑战性，这种挑战性主要来源于大量、各式各样的交通参与者（包括行人、自行车和汽车等），他们共享道路且不一定遵守交通规则。与北美、欧洲等发达国家的大多数情况不同的是，这类难以控制的环境在中国各大城市均很常见。其在中国的具体情况包括：

（1）中国拥有大量的城市人口，因此居民通常住在公寓楼而不是独栋的房屋里。这意味着公寓楼周围的人口密度很高。这同较发达国家的情况有很大的不同，后者的大多数人口都住在郊区。因此，当自动驾驶车辆在公寓楼周围的非结构化环境中行驶时，通常会遇到大量复杂的交互对象，如停车场的自动护栏门、行人、骑自行车的人等。

（2）交通参与者通常有多种类型，包括自行车、电动自行车和城市道路上的摩托车等。每个交通参与者都有其自身的运动学特征。此外，一些居民可能以不寻常的、不安全的，甚至非法的方式使用他们的车辆。

（3）大城市经常发生交通堵塞。在机动车持有率持续快速增长的大环境下，这一点这并不奇怪。

与其他用于商业应用的本地交通系统（如Nuro和Starship Robot）相比，我们专门针对难以控制环境下的交通状况（如中国的部分地区）进行设计。这类环境比发达国家的交通环境复杂得多，配送车辆可以在自行车道、大学校园、城市道路及居民区行驶。现有的适用于发达国家的自动驾驶解决方案可能不能直接适用于混乱的环境。应根据相关应用场景和预算限制对这些技术进行改进和调整。

在开发和维护自动驾驶汽车时，安全显然应该是首要考虑的问题。与搭载乘客的自动驾驶汽车相比，自动驾驶配送车有独特的安全要求。他们应当遵守交通法规和社会习俗，使道路交通正常、畅通、安全行驶。如果无法满足这些，自动配送车辆也不应对其他车辆造成障碍或危险，特别是运载乘客的车辆。在这种情况下，作为一种替代选择，配送车辆可能不得不牺牲自身。这是自动配送车辆的一项特殊安全要求。

相关设计需求将在后面的部分进行详细讨论。

京东：一种自动驾驶解决方案

作为最大的电子商务公司之一，主要出于降低成本的目的，京东开发了一款“最后一公里”自动配送车。假设每辆车每天可以投递60个电子商务包裹，如果使用自动驾驶汽车，运送每个电子商务包裹的费用将减少约22%。如果京东的全部电子商务订单中有10%是由自动驾驶汽车交付的，每年至少可以节省1.1亿美元的成本。总的来说，如果京东能在整个市场使用自动驾驶技术处理5%的电子商务包裹递送订单，每年将减少76.4亿美元的成本。良好的效益和合理的盈利模式一直是推动“最后一公里”自动无人驾驶配送车研发的动力。

如图1所示，一套自动驾驶系统需要20多个模块同时协同工作。一般来说，图1中显示的每个模块要么是在线的，要么是离线的。在线模块在自动驾驶汽车行驶时使用[3]，而离线模块主要用于离线特征提取、训练、配置、模拟、测

对接外部服务							
应用平台	导航服务平台	业务调度	地图生成平台	数据清理平台	数据管理		
	仿真平台	数据标记平台	视觉调试工具	机器人管理	监控平台		
算法平台	定位	感知	规划	控制	安全模块	预测	自充电
	自动驾驶算法架构						
硬件平台	底盘控制单元	惯性测量单元	激光雷达	摄像机	超声波雷达	传感器套件	计算单元
底盘平台	阿克曼底盘			差速器底盘			

图1　自动驾驶系统架构

如果使用自动驾驶汽车，运送每个电子商务包裹的费用将减少约 22%

试与/或评估[4]。

在最后一公里配送方案中，一个配送地址会被分配给一辆自动驾驶汽车。车辆的当前位置以及从当前位置到目的地的路线是通过导航服务平台指定的。之后，车辆开始行驶。在向目的地行驶过程中，自动驾驶汽车在算法平台中实现了定位、局部感知、局部预测、局部决策、局部规划和控制等功能，保证了行驶的安全、顺利、高效与可预测性。

硬件平台用于支持上述元素的功能，其由单个设备以及它们的连接和管理功能组成。作为通用机器人平台，该系统同时适用于阿克曼和差动转向车辆。另一方面，离线模块会为在线模块做准备。例如，地图制作平台负责高清地图的制作；仿真平台和可视化调试工具帮助开发人员解决故障。在本节的其余部分中，我们将介绍自动驱动技术堆栈中的一些突出显示的模块。

定位与高清地图

定位功能负责获取车辆的当前位置。在我们的自动驾驶解决方案中，有五个主要的信息源来获取定位信息：第一个是GPS信号，它被用作启动信号，请求激活高清地图以供后续使用。其余四个定位子模块包括基于多线激光雷达、摄像机、底盘里程测量和惯性测量单元（IMU）信息的定位算法。利用多线激光雷达算法，将生成的点云与要求的高清地图中预先存储的点云进行匹配。该方法将激光雷达点云预先划分为地面点云和非地面点云，并通过在线广义迭代最近点法（ICP）[5]实现匹配。

多线激光雷达、摄像机和底盘数据在手，将数据求导来表示运动信息，以构成里程测量。通过综合各个独立的信息源，可以得到一个可靠的里程测量结果，此过程又称里程测量融合。将融合后的结果与IMU结果合成，并在卡尔曼滤波框架下校准ICP方法[6]。反过来，ICP方法也可以进一步用于校准融合结果，使结果可以更接近真实数据。这样一个复杂的体系结构如图2所示。

我们的高清地图包含道路的详细属性，它由16层代表，提供关于环境的静态和动态信息。这些层由多个子映射组成，包括几何映射、语义映射和实时映射。自动驾驶乘客和自动配送车辆共享一些要素：例如，每个车道、道路和十字路口的位置、宽度、类型、曲率和边界，以及相关的语义特征，如人行横道、交通信号和减速带。与此同时，中国快递车辆特有的道路要素也包括在内：例如，阻车柱（通常放置在自行车道的入口，禁止大型车辆进入）、禁停区（限制地方车辆不能停止）、大门（访问收费站和居民区）以及安全岛（大型十字路中，行人和骑自行车的人可以在其等待下一个绿灯）等。这些元素对我们的地图很重要。除了其他高清地图上常见的车道和道路外，我们还添加了“车道组”元素作为车道和道路之间的中间关卡，以便在较大的十字路口形成更好的车道连接。

配送车需要以成本较低的方式构建高清地图，其使用的传感器与车辆和城市的所有地区相同，而GPS信号通常很弱。因为中国

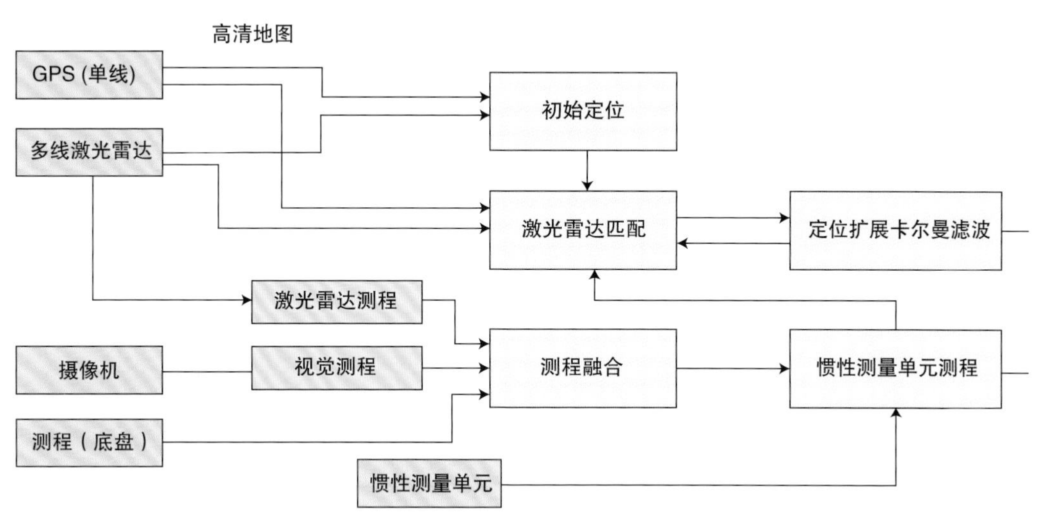

图2　定位系统构架

城市地区的道路变化比其他地区更频繁，高清地图需要更频繁的更新。这就需要建立一个技术团队，专注于建立和维护基于现代传感器融合和同步定位与绘图技术的内部高清地图，而不依赖于差分GPS和昂贵的IMU。感知团队开发的机器学习技术被用于协助检测静态车辆和交通灯，以提高地图构建的效率。

感知模块

感知模块负责识别和跟踪环境中障碍物的动态。感知模块在使整个自主系统能够在复杂的交通环境中运行方面起着关键作用。如图3所示，硬件设置是一种常见的多源解决方案。我们的车辆配备了一个单波束激光雷达，一个16波束激光雷达，以及四个单目摄像机来探测周围的物体。采用高分辨率动态范围摄像机对交通灯进行检测。同时结合超声波接收器的信号，以防止立即碰撞其他物体和道路元素。如图4所示，在目标检测中，三种方法各自独立应用，并将检测结果进行融合。前两个检测器分别使用机器学习和基于几何的方法对点云数据进行处理。第三个检测器使用基于机器学习的方法处理视觉数据。

从实践经验来看，我们观察到第一种方法擅长对交通相关的

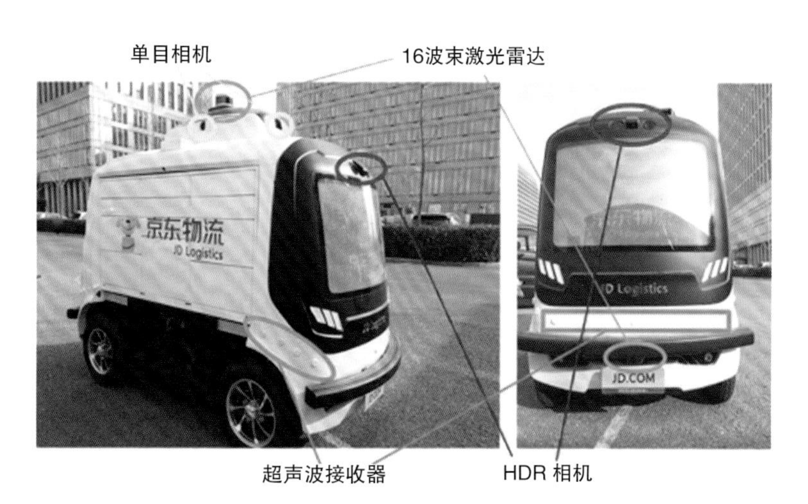

图3　传感器硬件设置

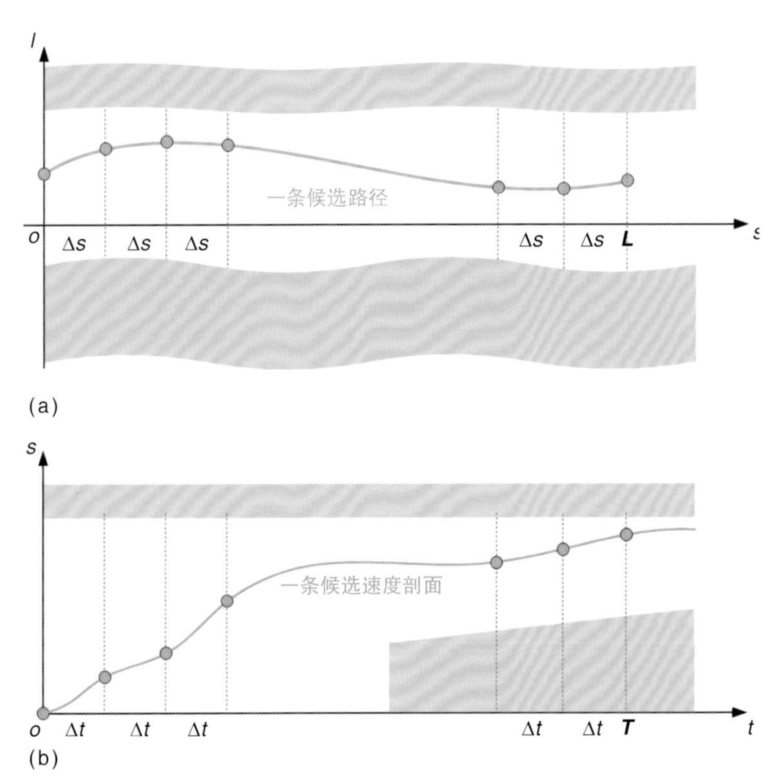

图4 感知模块结构。BEV：鸟瞰视角；CNN：卷积神经网络

通用对象进行分类，但是在处理行人时性能较差，这是基于学习的方法的固有缺点，因为行人的特征不易识别。相反，第二种方法为识别具有典型形状的对象（例如行人）提供了稳定的结果。第三种方法特别适合于识别部分观察到的物体，因为它侧重于颜色、阴影和纹理作为识别特征。三种检测器相互补充，以提供全面可靠的目标识别结果。

正如本文开头所讨论的，道路上存在许多类型的元素会对自动驾驶汽车产生影响。当我们的自动驾驶汽车（The ego vehicle）第一次遭遇交通违章时，它可能会被困在路上，不知道如何处理这种情况，因为算法没有接收到足够的数据来正确分析情况。当观察到这种令人困惑的情况时，远程安全指挥员必须接管车辆，以避免碰撞风险。然后，新检测到的案例会被放入一个新建立的类别中，一些现有数据也会在检测器1和检测器3中被手动标记来学习该类别。我们相信基于监督学习的枚举是实现可靠识别性能的唯一可行方法。此外，还开发了一种推理方法来系统地估计相关但不可见的周围交通状况的性质，如红绿灯的状态和前方车辆信息。

预测、决策和规划

预测、决策和规划模块对于让我们的自动驾驶汽车在复杂的交通条件下安全行驶至关重要。预测是指对跟踪的移动障碍物的未来轨迹进行近似预测。它在两个合作层中执行：第一层是利用高清地图中的路径信息和车道信息预测被追踪车辆的行为，在这里，我们基于道路的历史数据，对被追踪的物体遵守交通规则的情况进行假设，第一层一般适用于处理正常车辆；第二层以异常对象行为预测为目标，通过基于机器学习的方法和推理技术实现计算。这两层协同工作，在车辆的可视范围内提供感兴趣的移动目标的轨迹。预测轨迹还附带一个方差来度量预测的置信度。

决策和规划是直接指导车辆局部驾驶机动的关键。在处理混乱环境下的复杂场景时，决策模块应找到一个粗糙但可靠的等位轨迹，而规划模块应快速运行。决策模块采用了基于样本搜索的方法。更详细地说，在搜索由采样节点组成的图时，系统使用了动态规划算法，并将感知和预测模块中的不确定性(由前面提到的置信度量化)纳入代价函数的计算之中。通过这种方法，可以做出鲁棒和安全的轨迹决策。

由决策模块推导出的过程轨迹自然地决定是让步还是绕过障碍物。通过这种方式，我们可以显著地将求解空间缩小到路线轨迹周围的一小块区域，避免在全局规划中浪费时间。具体来说，轨迹规划方案将分为多个阶段，包括决策生成、路径规划和速度预测。通过这种分解，最初的困难在很大程度上得到了缓解。在决策生成阶段，通过路径时间坐标系中的“路径”确定车辆与周围物体之间的交互作用。在此，可行边界自然地形成一个通道，该通道由决策阶段的路线确定。

我们将以 xy 坐标系的一般形式讨论此问题，可以简单地转化为使用Frenet标架 l-s（图5(a)）进行路径优化，其中 s 是沿道路中心线的纵向方向，l 是沿道路中心线的横向位移。也可以使用路径-时间标架 s-t 将其转换为速度优化（图5(b)。更详细地讲，假设本场景沿着 x 轴的范围固定为 X，我们定义 x 轴与 N 条直线相交于 $(N+1)$ 个从0到 X 的等距点。通过这种观察，路径和速度规划方案可以各自转换为沿着线找到 N 个网格的位置，将网格按顺序连接起来，形成一个候选的 s-l 路径轮廓或 s-t 速度剖面。让我们将每个网格的位置定义为 y_i（i=1,..,N）；车辆显然不应与通道的障碍物相撞。因此，在基本的避免碰撞约束下形成构型空间。

在路径优化中，为了简化计算，可以将矩形车辆表示为一对圆来制定约束条件。每个圆不与隧道的两个障碍物碰撞。为了速度优化，车辆不应与路径时间图中的任何 s-t 区域发生碰撞[8,9]。除上述约束外，我们期望轨迹是平滑的，且优化后的结果尽可能接近行驶轨迹。其他与决策相关的优化对象和约束也应纳入考虑范畴。这一期望反映在以下最小化目标中：

$$J=\sum_k\sum_i\sum_{j=0,1,2,3} w_{k,i,j}\cdot\left(y_i^{(j)}-\mathrm{ref}_{(k,i,j)}\right)^2 \quad\cdots\cdots\ (1)$$

式（1）中，$k\in\{1,\ldots,N_{\mathrm{ref}}\}$ 是参考剖面的下标。假设总共有 N_{ref} 个

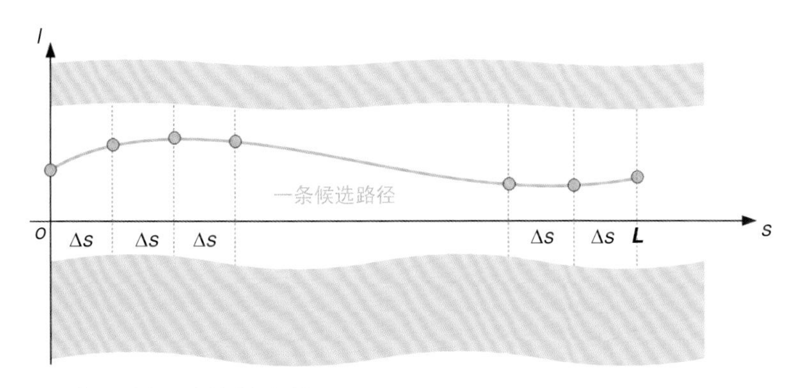

(a) 在 l-s 坐标系中的路径规划

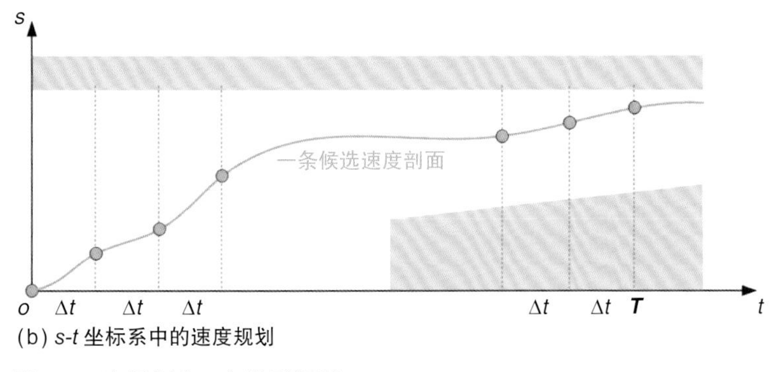

(b) s-t 坐标系中的速度规划

图5　二次规划（QP）模型阐释

参考剖面，它们同时影响优化性能。$i \in \{1,...,N\}$ 表示网格的索引，$w_{(k,i,j)} \geqslant 0$ $(j= 0,\cdots,3)$ 表示权重参数，以增强相对于 y_i 的 j 阶导数在第 i 网格处第 k 个参考剖面的注意力（Attention）。$\mathrm{ref}_{(k,i,j)}$（j=0,1,2,3）代表相应的参考剖面。至于为什么在每个网格上都有多个 $\mathrm{ref}_{(k,i,j)}$，让我们以第 N 个网格 n 处的速度规划为例，没有人会先验地知道在终端时刻如何指定 y'（也就是 $y'_N(N)$），因此，多个可能性以加权和的形式被整合。

现在，有了优化目标和约束，可以构造一个二次规划（QP）问题，其中代价函数是二次函数，约束条件均为线性。我们需要在每个等距点最小化三个受动态和大小约束的对象，以及来自环境的碰撞约束，包括静态和/或动态障碍。QP 问题可以通过局部优化器的数值方式求解。解决上述 QP 问题的第 99 个百分位时间消耗在 10 毫秒之内，因此，在线规划足以对复杂道路场景中突然出现的事件和/或合并对象做出反应。

安全与保障策略

正如前面所提到的，在设计自动配送车辆时，其安全性是最重要的。安全保障是多层次的，包括仿真层、车辆端以及远程监控。在本节中，我们将介绍自动驾驶技术堆栈中的一些重点安全策略。

一套自动驾驶系统需要 20 多个模块同时协同工作

仿真层验证

所有提交的代码都必须通过大量的基准测试进行评估。在每次试验中，输入的原始数据都被加载到虚拟现实世界的测试中，自动驾驶汽车的性能由模拟器中的虚拟输出动作来衡量，并带有许多精心定义的标准。在创建模拟测试用例时，我们利用记录的真实世界数据来构建数万个虚拟场景，在虚拟但真实的场景中对这些代码进行性能评估。通过模拟测试的代码将在车端系统中进行进一步的检查，记录新出现的问题并手工标记为虚拟场景，供以后的代码检查使用。通过这种闭环方式，使得开发的安全性得到迅速提高。

车辆端验证

我们实现了一个车端低程度监护模块，监控紧急事件的接近与发生。监护模块主要监视控制系统的运行状况，并从系统内部和外部处理内部和外部异常。为了应对可能发生在硬件上的突然故障，自动驾驶汽车配备了冗余单元和故障检测监视器。即使是冗余单元也发生故障(例如，由于低温导致视觉传感器发生故障)，监护模块也会按照预定义的故障恢复规则接管工作。对于外部环境的问题，当障碍物过于接近车辆或以很高的速度接近车辆时，车辆会采取行动来降低碰撞风险。

远程监控

为了保证配送车辆的运行安全，我们还开发了远程监控平台。车辆的驾驶行为是实时监控的。远程监控车辆的工程师可以控制车辆，帮助车辆脱离异常情况。在远程监控工程师不在的情况下，远程平台会产生警告信号，向警方通报危险情况。

产品部署

在走向大规模生产部署的过程中，我们采取了渐进的策略，将技术难点分为四个阶段。第一阶段的重点是低速自动驾驶，并有人工监控。在这里，“监控”指的是远程操作人员的命令，以获得额外的安全和协助。尽管由于网络延迟和向远端提供的信息不足，远程操作人员的直接控制显得危险和不切实际，但人工操作人员仍可以有效地为自动驾驶车辆提供有用的指导。第二阶段是在没有人工监控的情况下进行低速自动驾驶。第三阶段和第四阶段分别是在有人工监控和没有人工监控的情况下，以相对较高的速度自动驾驶。从低级到高级的演进需要与软件、硬件和测试相关的大量工作。为了提高车辆的行驶速度，我们根据严格的离线/在线测试结果自适应地取得了进步。

除了前面提到的渐进技术路线图，实现盈利的途径也被设计成渐进的。当这些技术还远远不能用于道路试验操作时，我们专注于开发车辆的低水平底盘，这可以用于许多机器人应用。这个想法是有益的，原因有以下三个：

（1）室内低水平自主移动技术可以无缝应用于仓储物流，提高全物流链的自主能力。

（2）在自动驾驶技术完全投入使用之前，机器人技术的商业化和盈利能力将到来。

（3）即使自动驾驶技术还不成熟，开发人员也应该意识到如何创造产品，将注意力集中在最终目标（即生产）上。

在业务逻辑方面，我们也逐步进行努力，以使自动最后一公里配送的效率最大化。我们在持续地努力，使得电子商务平台、仓库和配送中心的调度质量更加关注配送的时间效率。上述三个方面的改进同时协同进行，以提供良好的配送服务。到目前为止，我们已经在中国的几个省份部署了300多辆自动驾驶汽车进行试验操作，累计里程为715 819英里。

在部署这一自动驾驶汽车系统的过程中，我们已经吸取了一些经验教训：

（1）算法应该是可以解释的，这使得它们的性能易于评估和预测，从而为共享道路的其他用户所接受。尽管如此，我们发现基于深度学习的端到端解决方案在现阶段尚不实用，尽管基于机器学习的方法在每个子模块中都有广泛的应用，并且具有明确定义的边界。

（2）最后一公里配送车的路线大多是固定的，因此我们非常依赖高清地图来记录路线上的细节。

（3）在现实世界的道路测试中，追求更高的行驶里程指数会产生误导，因为这可能会导致开发人员隐藏风险和问题，而不是发现和克服它们。在我们看来，准确识别风险，然后要求人工接管是非常有意义的，这是整个安全保障系统的关键部分。

（4）将适合人类的工作和适合自动化机器的工作明确区分开来是有意义的。经过长时间的试运行，我们了解到可以指定车辆来处理反复出现的复杂场景，并在需要时由人工监控人员接管。此外，自动驾驶并不意味着人类变得毫无用处，相反，他们可以从事与维护使用自动驾驶汽车的配送系统密切相关的创新工作。

致谢

感谢徐新宇、李浩、张金凤、金世亮、戴伟、朱伟成、蔡亚辉、李壮和王海欣的讨论与支持。Bai Li和Shaoshan Liu对于这篇文章贡献相等。通讯作者Qi Kong。基金资助：国家重点研发计划项目(2018YFB1600804)。

关于作者

Bai Li 京东自动驾驶研究工程师。研究兴趣包括运动规划和自动车辆控制，2018年获浙江大学控制科学与工程学院博士学位。联系方式：libai@zju.edu.cn。

Shaoshan Liu PerceptIn的创始人兼首席执行官，加州大学尔湾分校计算机工程博士学位。IEEE高级会员，IEEE计算机协会杰出讲师，计算机械协会杰出演讲者，IEEE自动驾驶技术特别技术社区创始人。联系方式：shaoshan.liu@ perceptin.io。

Jie Tang 华南理工大学计算机科学与工程学院副教授，2012年获得北京理工大学计算机科学博士学位。联系方式：cstangjie@scut.edu.cn。

Jean-Luc Gaudiot 加州大学尔湾分校电子工程与计算机科学系教授。研究兴趣包括多线程架构、容错多处理器和可重构架构的实现。加州大学洛杉矶分校计算机科学博士学位。IEEE会员，2017年任IEEE计算机协会主席。联系方式：gaudiot@uci.edu。

Liangliangl Zhang 京东自动驾驶资深科学家和运动规划与控制技术负责人。斯坦福大学电气工程博士学位。联系方式：liangliang.zhang@jd.com。

Qi Kong 京东自动驾驶首席科学家。研究重点为自动驾驶、大数据和机器学习。上海交通大学计算机科学硕士学位。联系方式：qi.kong@jd.com。

参考文献

[1] S. Liu, L. Li, J. Tang, S. Wu, and J. L. Gaudiot, *Creating Autonomous Vehicle Systems* (Synthesis Lectures on Computer Science), vol. 6, 1st ed. San Rafael, CA: Morgan & Claypool, 2017, p. 186. doi: 10.2200/S00787ED1V01Y201707CSL009.

[2] J. Levinson et al., Towards fully autonomous driving: Systems and algorithms, in *Proc. IEEE Intelligent Vehicles Symp. IV*, June 2011, pp. 163– 168. doi: 10.1109/IVS.2011.5940562.

[3] S. Liu, J. Tang, Z. Zhang, and J. L. Gaudiot, *Computer* architectures for autonomous driving, Computer, vol. 50, no. 8, pp. 18–25, 2017. doi: 10.1109/MC.2017.3001256.

[4] S. Liu, J. Tang, C. Wang, Q. Wang, and J. L. Gaudiot, A unified cloud platform for autonomous driving, *Computer*, vol. 50, no. 12, pp. 42–49, 2017. doi: 10.1109/MC.2017.4451224.

[5] Segal, D. Haehnel, and S. Thrun, Generalized-ICP, in Proc. *Robotics: Science and Systems (RSS)*, vol. 2, no. 4, p. 435, 2009. doi: 10.15607/RSS.2009.V.021.

[6] W.Li and H. Leung, Constrained unscented Kalman filter based fusion of GPS/INS/digital map for vehicle localization, in *Proc. IEEE Int. Conf. Intelligent Transportation Systems*, Oct. 2003, vol. 2, pp. 1362–1367. doi: 10.1109/ITSC.2003.1252706.

[7] W. C. Ma et al., Exploiting sparse semantic HD maps for self-driving vehicle localization. 2019. [Online]. Available: arXiv:1908.03274

[8] B. Li and Z. Shao, A unified motion planning method for parking an autonomous vehicle in the presence of irregularly placed obstacles, *Knowl.-Based Syst.*, vol. 86, pp. 11–20, Sept. 2015. doi: 10.1016/j.knosys.2015.04.016.

[9] H. Fan et al., Baidu Apollo EM motion planner. 2018. [Online]. Available: arXiv:1807.08048

（*本文内容来自Computer, Technology Predictions, Nov 2020*）

Computer

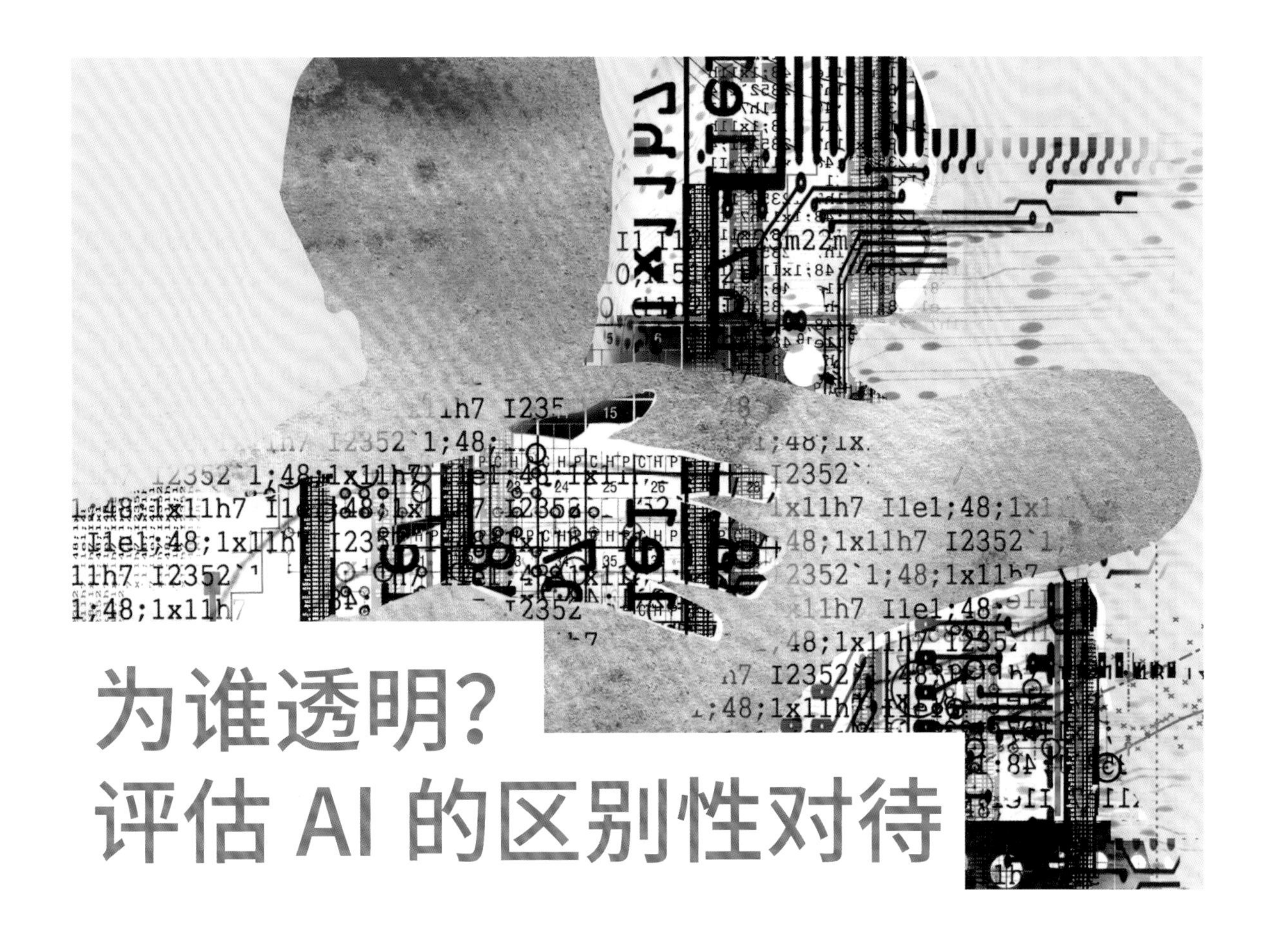

为谁透明？评估 AI 的区别性对待

文 | Tom van Nuenen, Xavier Ferrer, Jose M. Such, Mark Coté　伦敦国王学院
译 | 闫昊

AI 决策会对许多弱势群体造成歧视性伤害。补救措施通常是提高系统的透明度。但我们是为哪些群体实施的呢？本文旨在明确透明度对技术、立法和公共现实以及利益相关者意味着什么。

为了在银行办理人寿保险，丹尼斯提交了一份申请。令她惊讶的是，仅仅过了几分钟，银行就拒绝了她的要求。她又失望又生气，打电话给银行希望得到澄清，客户服务团队向她保证会进一步研究AI决策系统，丹尼斯向一位律师寻求了帮助：她知道欧盟有反机构歧视的法律，她想知道这件事情是否触犯了该法律。晚上躺在床上，她夜不能寐，百思不得其解。她的银行接触到的是什么数据？算法是如何做出决定的？最初是谁创造了这个系统？

这个场景说明了AI 决策系统透明化的必要性。这样的系统可以大规模运行并影响到许多人群，造成大规模的影响，有时甚至可能做出引起争议的决策。在某些情况下，这会导致数字歧视：基于收入、性别、种族和宗教等个人数据，决策算法不公平或不道德地对待用户[19]。除此之外，数字歧视还遍布于信用评分[2]、风险评估[6]和健康状况证明[15]。

在本文中，我们以数字崏别为例阐述AI的透明性。我们的重点不是试图详尽地界定这些术语，而是展示不同的利益相关者处理数字歧视的复杂性所需要的透明度，以及公正和公平等相关概念。我们首先注意到透明度与开放性和公开性之间的联系，并讨论在可解释AI领域中审查AI系统的努力。接下来，为了解决透明度的关系复杂性，我们探讨了工程师(构建决策系统)、法律专家(针对系统的法律和道德框架)以及公众(受所述系统影响)的视角。这些利益相关者对于透明度有着不同的概念和需求，这些概念和需求有时是不相容的。阐明这些不同的观点有助于将透明度定义为统一目标。我们还讨论了利益相关者运作的政府和商业环境，其中以欧洲的法律环境为主。

透明度及其争议

AI透明度可以理解为数据被AI系统分析的过程和模型背后的机制的开放性和沟通性[11]。实现透明度被认为可以使决策结果更加公平，因为越来越多的AI系统具有动态性和复杂性的特点，这使得潜在的歧视案件难以追踪。例如，在新兴的机器学习领域，已经对公平制定了不同的数学定义[7]。需要设计使公众能够洞察决策系统的机制逐渐成为共识[10]。

AI的透明度可以被视为更广泛的社会需求的一部分。它是保障民主、自由治理和问责制的堡垒之一[17]。透明度系统已经在各种文化干预中得到实施，如欧盟透明度指令(2004/109/EC)、美国1946年行政程序法、营养标签和环境影响报告。这样的实施通常意味着公平和正义的增加。从这个意义上说，透明度对计算、共识、审计文化和质量管控来说是更广泛的文化追求的一部分[1]。

但是，过度透明会带来若干风险，例如破坏隐私，引起公众的愤懑，以及在完全保密或公开之间制造虚假的二元关系[1]，这种影响目前还没有得到检验。透明解决方案更乐意将目光聚焦于独立的对象，而不是对象之间形成的关系结构。专注于这些关系意味着使AI或机器学习系统易于理解或对公平的疑问有了咨询对象[17]。要回答这个问题，我们首先需要解决如何对AI系统进行审查的问题。

解释AI的决策

在计算机科学领域，可解释AI致力于实现AI决策背后的“合理且公平”的解释。通过可视化分析、终端用户解释和人机界面，AI系统的内部运作可以得到解释，这有助于识别歧视性过程[13]。创建可解释的AI被认为越来越重要，例如，最近的欧盟规定指出，因为算法决策基于用户的个人信息，所以用户具有“解释权”[9]。

在可解释AI中，解释可以理解为系统提供的信息，这些信息概述了执行任务的决策或输出的原因和理由。解释是指当提出解释时，代理对系统决策的原因所获得的理解[19]。可解释性对于使用深层次的复杂机器学习系统来说尤其重要，因为人类往往无法理解这些复杂的机器学习系统[13]。然而，实现它并不简单，因为具有更深层次的更复杂的模型通常更精确，但解释性较差，从而产生了一种折中，即增加可解释性意味着降低准确性[3]。因此，有限的透明度不一定是个问题，因为难以解释的算法可以证明是有用的，它们在执行某些任务时能够达到高准确度。

然而，即使一个系统可以被解释，解释中也包含了解释者的经验和社会偶然性以及偏见和其他心理因素。因此，定义一个可以解释的结果会产生基于个人、文化和历史语境下的差异[19]。虽然可解释AI的研究通常集中在产生解释的人或系统上，但我们也需要质疑这些解释对被解释者是否有意义以及如何有意义。换句话说，我们需要看到解释的内在的诠释学关注[2]。

关于导致偏差的原因，主要是算法的三个常规步骤：算法训练时使用的数据、算法的建模，以及算法的使用方式[8]。确定算法的公平度很大程度上取决于这三方面的透明度。然而，这混淆了偏差和歧视之间的差异。技术文档往往假设没有负面偏差的系统不会存在歧视问题，并且认为减少或消除偏差能够等价地减少或消除歧视。

但是，一个算法能否被视为歧视性算法取决于其部署环境和计划执行的任务。例如，在上述的案例中，算法偏差造成了一定的争议，在这个案例中，丹尼斯被算法判定需要增加人寿保险费用是因为触发了吸烟者偏差，这使得吸烟者每月的收费要高得多。我们可以说这个算法对于吸烟者是有歧视性的。但是，这只适用于在当前环境下，不能证明吸烟者是高风险的客户。因此，仅仅使用统计学简化论的方法，比如估算吸烟者和非吸烟者付出成本之间的比率，却不考虑其社会和政治意义，不足以论证算法是否具有歧视性。

然而，即使我们对整个算法过程和背景了如指掌，并且我们对于算法的偏差能够进行定量的评估，但对于偏差和歧视之间的关联程度仍然是云山雾绕。该怎样划分界限用以区分偏差输出和区别对待？从技术角度来看，这个问题是无解的，AI和技术人员要么将偏差等同于歧视，要么选择性地只关注衡量偏差，无视歧视是否存在。

为了评估算法是否能不带恶意地公平运行，主要采用两种衡量标准：程序公平性，其衡量算法决策过程是否公平；输出公平性，其更强调算法输出中的不公平决策。第一种方法显得有些不切实际，首先是AI算法逐渐趋向黑箱化，有着更加复杂的结构，其次是大数据的出现在增强了AI能力的同时削弱了其可解释性，最后程序源代码属于商业机密[12]。因此，输出公平成为更常见的评估方式，其关注目标仅仅是自动决策的结果。衡量过程通常是比较数据集中的两个不同子集所面临的结果，即受保护群体和优势群体。

但是，公平的明确形式化并非没有风险。首先，人类对这两

我们不应忘记，透明度的目标是实现人类的理解

工程师的透明度

当丹尼斯打电话到银行进行投诉时，系统悄悄通知了构建这个系统和算法的工程师团队。为什么系统有着这样的小动作？工程师们花费了数年的时间去构建和测试他们的系统，并且希望系统能保持公正，不对客户做出歧视。在这件事情上，他们使出浑身解数，发挥他们领域的特定知识，对系统进行技术查询。

个亚组的确定可能是不公平和不公正的。其次，数学上的公平概念通常是不兼容的，满足一个理想概念上的公平，通常需要使另一种公平概念变得不公平[3]。强制性地使算法满足政治正确的标准与其作为公平风险评估工具的身份是相违背的，例如反分类和分类等价性。因此，有人认为形式化的公正对诊断和设计限制是一种束缚[7]。将透明性视为数学上的公平性，这意味着我们应该牢记定义公平性的假设。

然而，由于对分类的解释在不同的语境下有不同的表现形式，AI研究者并没有一个标准的评价方法来评价分类结果[2]。这是一个需要特别关注的问题，因为可解释AI研究的大部分工作使用了一种先验性的方法，他们利用研究者潜意识中对于“好”的构成的解释。非常了解决策模型的专家通常无法正确地判断对外行的解释是否有用[13]。

因此，对于工程师而言，AI系统工作原理的解释似乎可以归类于背景问题。对普通人而言，这个解释应该偏向于使他们能够理解概念、算法和输出。但是要想证明算法有歧视，则要将决策过程置于一个具体的背景环境中，因为歧视可以表述为一个在特定背景下一个有偏差的决策结果。比较方便的方法是建立一个系统，通过系统向工程师解释得到答案的过程，由工程师来判断这一过程是否合理和公平[13]。

技术工程师应警惕将透明度作为一种理想的方法，以免混淆解释AI系统的叙述性、推测性或迭代性的需求。而这种解释不应被视为对主观需求和欲望的“污染”。相反地，AI透明度的信任等价于对工程师透明度的信任：叙述性解释有助于引导工程师做出选择，这决定了AI系统哪些部分需要解释。用户不会满足于仅仅知道事件P发生，他们更想知道为什么事件P会发生，而不是事件Q发生[13]。建立一个透明的系统，可能会向用户提供一个透明的叙述，并突出计算逻辑的分支，但这通常是人类难以理解的。这也有助于解释系统通过人类类型的分类结果，而这些分类很可能会包含系统无意识的不平等或歧视[2]。

法律专业的透明度

丹尼斯的律师接受了客户的委托，便开始着手调查人寿保险算法的拒接行为。他想知道的不仅仅是系统是否给出了准确的预测，而是这个决策合理吗？即在决策的过程中，算法应用了怎样的法律规则？而这些规则的应用，是否会与系统做出的其他决策自相矛盾？此外，律师还关注了算法中采用了哪些丹尼斯的个人特征。从银行Web所提供的信息采集表中可以看到，其标注了丹尼斯在脸书上的话题订阅，其中一项是集中增加黑人个体对BRCA基因变异的基因测试的可用性，而BRCA基因变异可高度预测某些癌症的产生。律师意识到该系统可能会通过遗传信息的代理进行鉴别。

近年来，算法决策及其导致的数字歧视引起了法律学者极大的兴趣[20]。但是与传统的歧视有所区别的是，数字歧视不取决于决策者的意图、信念和价值观。相反，这些数字歧视的法律焦点在于，算法负责人没有对不平等决策做出预测且没有补救措施。在欧盟，这被称为间接歧视或机构歧视，理事会依据关于歧视案件举证责任的第97/80/EC号指令和反对基于种族和民族血统的歧视的第2000/43/EC号指令制定。在美国法律中，诸如1964年《民权法案》第VII标题之类的法案产生了不同的影响，该法案禁止基于种族、性别、国籍和宗教的就业歧视[3]。

在法律环境中，有一项基本要求，即法律判决者能够解释判决的法律依据，这是“明确理由”的一种形式。尽管技术透明包含了数据、算法和输出，但从法律角度来理解，这些远远不够，还需要的是将人类的法律转化为计算机规则。这源于人们对于法律的信任度来自人们对制定法律的机构的信任度。AI设计师和监督他们的权威机构需要解释他们的专业知识，并表明他们听取并考虑了这些系统利益相关者的意见。

但是，关于法律意义和适用范围的翻译和解释是不可能做到毫无争议的[10]。此外，当基于AI决策的法律实施时，需要将风险评估的统计问题与干预措施设计的政策问题相脱钩。正如我们这里所讨论的，这需要在数学形式之外准确地定义公平和歧视。但这不是简单的定义：公平确保所有人能够平等地获得某些利益，同时还旨在最大程度降低弱势群体受到的伤害[3]。

同样不能够简单地去定义AI的公平性和合适的道德依据，理清它们之间的差别同样重要。人们能够通过一个理由直观地理解为什么系统的决策是好的，但是这个理由对于系统决策过程存在着似是而非的解释。反之亦然，“知道算法是如何得出结论的，并不意味着该结论是‘符合法律的’”[10]。即使该算法是预测透明的AI，并且能够提供完整的法律规范，允许复杂的系统能够精确有效地分配利益和责任，但这样的系统本身并不是法律正义：系统职能与法律职能是毫无可比性的，因为在法律制度的完整性的情况下，决策过程中所产生的争议是建立在法律确定性的具体解释上的[10]。

沟通和类似的论证能够达到越辩越明的效果，例如，针对某些特征提出包含性或关键性或对比性的问题[13]。有几种具有可解释性的AI方法能够帮助我们做到这一点，如LIME和SHAP。前者突出显示了相关的输入特征，在单个实例附近使其近似于黑盒模型。总而言之，法律透明性必须能够引发富有成效的公民辩论，不仅要遵守法规，而且要遵守合法性的思想。从某种意义上而言，这可以看作公民透明度。

欧盟和美国尤其重视透明度和公平性，并且在2019年，引入了AI法规。同年4月，欧盟发布了《AI协调计划》，其中主要内容为合法性、合乎道德的、具有鲁棒性的AI指导方针。该计划的目的不是制定法律，而是旨在通过一系列道德原则和操作指导，为不同的利益相关者提供发展和保障，获得具有道德性和鲁棒性AI的指导。同年4月，美国出台了《算法问责法案》，要求相关公司研究和修正会导致错误、不公正、偏差或歧视性决策的算法。在目前的形式下，该法案假定大型公司有自我完善的能力，这些公司需要对影响消费者的，使用个性化和敏感性数据(如工作表现、健康状况、种族和宗教信仰等)算法进行评估。

中国科技部于2019年6月发布了《新一代人工智能治理原则》，该原则指出，人工智能的开发应以增进人类的共同福祉为目标，并指出在数据采集和算法设计过程中应消除偏见和歧视。2019年10月，俄罗斯联邦发布了一项关于发展人工智能的法令，制定了实施人工智能时的基本原则，如保护人权、自由和透明度。

我们应该明白，商业中主要竞争点在于利益。在许多商业环境中，透明度通常是不理想的，因为利益显著的算法通常会产生明显的竞争优势。现代法律体系也充分显示了保密的必要性。例如，1994年《与贸易有关的知识产权协定》(乌拉圭阶段)的第39条设定了商业秘密的基本定义，并为其签署国提供了最低程度的司法保护[12]。这意味着政府需要在透明度与商业秘密保护之间做出平衡。例如，在2016年，欧洲议会和欧洲理事会制定了条例2016/943/EU，该条例讨论了如何保护未公开的专利技术和商业信息(即商业秘密),并防止泄露。它表明，在某些情况下，商业利益可以让位给具有较高优先权的保护，如信息权、工会代表权和已发现的不法行为[12]。

从上述论述可以发现的是，这些法律问题在歧视问题中显得尤为重要。反歧视法律主要针对间接或体制歧视，其提供了一套立法，旨在防止歧视对具有某些特征(有时称为受保护属性)的特定人群造成不合理的不利影响。然而，根据宪法，人们认识到，对利益的保护并不总是机械地盲目地为社会的利益服务。为了达到公平的目的(例如，在平权行动中)，必须对它们进行分类。同样，在决定采用哪种方法时，环境应该是关键。

另一个问题是，即使删除了受保护的属性，通常也可以通过所谓的代理变量来推断受保护的属性，这些特征本身可能并不引起广泛关注，但可以从中获得其他特征[16]。事实上，当法律试图禁止直接预测特征以达到避免歧视时，这往往会导致生成代理法律歧视问题：对直接的代理的拒绝反而会使AI催生出更少依赖直接属性的模型[16]。这个矛盾显示了透明度作为人类固有的概念所隐含的局限性：即使我们洞见了某些数据集的所有特征，并且所有这些特征都被认为是合理的，机器仍然可以提取出受保护属性的衍生特征。这里可以引入一种形式的“代理透明度”，要求公司在其使用的变量和期望的结果之间建立潜在的因果关系。这意味着在一个貌似可信(虽然不是决定性的)的因果故事中，代理人和实际的解释者是可区分的[16]。

用户透明度

丹尼斯最终对所谓的透明度产生了疑虑，她甚至怀疑她会面临潜在的巨大风险：如果她不幸去世，她的孩子在未来要为此遭受莫须有的影响。为此她向银行询问能否研究这个系统。她担心自己的隐私——决策使用了哪些数据？这些数据是如何被银行收集的？算法是否区别对待了她女性的身份？但是，询问结果是令人沮丧的：电话里的人无法就银行自己的系统给她满意的答案。系统决策的技术细节只会让她头晕目眩。

遭受数字歧视的用户希望能够直观地了解AI系统如何训练它们的数据，尤其是个人对这类数据的传播无能为力。因此，透明度的改进方向应该去关注个人的某种特征的决定性程度，并了解其是如何被定性推断的。毕竟，这些特征造成的选择是被用于行为结构的认知和政治选择中。例如，当某人出生在社会和经济压力导致绝望的环境中时，他们在多大程度上可以“自由”选择其参与犯罪的机会？为了使有关结构与代理的讨论具有可延展性，可解释的代理可以具有以下功能：包含或排除用户想要保留的特定特征，并且显示这些特征来源。这个可以称为特征透明。

共享特征的重要性还阐明了基于身份的法律在遏制数字歧视方面的局限性。欧洲数据保护法将个人数据定义为可用于描述个人特征的数据。匿名和汇总数据不被视为个人数据。然而，数字分析的重点在于将个人组合成有意义的群体。“身份”在这里是无关紧要的，因为研究对象在数据集中与他人相似与特异共存[10]。当不同的歧视理由同时发挥作用时，这就成为一个特别棘手的问题。此之谓复合或交叉歧视，这生成了新的身份类别，并且伴随着新的歧视。这里的身份不仅仅意味着“具有身份的东西”，并且可能超出主体能够为自己定义的范围。它具有社会权力结构和意识形态的组合特质，给予某些特质更优越于其他特质的价值[5]。

因此，界定歧视的构成，首先要了解构成歧视的特定社会和历史条件与观念。由抗议运动引发的公开讨论表明，歧视的概念可能会有着不同的内容。这意味着，需要充分考量受害者的观点，需要将歧视带入先验性判断去处理，同时也包含统计和法律范畴的处理方式。从人类学的角度来看，整合人们的观点被称为主体性研究，在这种研究中，人们通过关注对特定社会成员有意义的文化差异来寻求“本土观点”。从形式上来看，主观视角使得公平性和歧视性指标更难定义。需要指出的是，类似于交集的概念提供了解决思路，其所具有的模糊性和开放性使得研究人员能够挑战和重新调整公平和歧视的定义。研究人员需要接受数字歧视和公平性中意想不到的观点。

结构主义和代表性的歧视方主要将焦点放在身份、文化、种族、语言或其他社会类别，这与分配主义的方法相反，因为它不涉及特定决策对特定人员的收益和损害的分配[3]。这意味着针对歧视问题，超越个体成为决定点。我们可能不会问“歧视某人意味着什么？”，转而会询问“X特征在社会中是如何发挥作用的(例如，它如何有助于法律保护、社会可见性和繁荣的选择)?”这意味着透明度问题将从个人的自由关注，转而关注大众，并成为个体结构的一部分。换句话说，功能透明度需要获得某种形式的认可:公民应该能够探索特定的共享功能，并了解其在社会环境中扮演的角色。

此外，对透明度的需求与对专业知识的需求是不可以相提并论的。现实表明，专业人士在保护其专业知识上具有排他性，这限制了透明度的发展。而这种专业性是通过解决罕见的、有挑战的或困难的问题，进而形成显性和隐性知识。而开放这种专业知识并不能提升透明度。例如，事实证明，非专业人士对于合理的决策有截然不同的想法，他们会选择不同的算法来解决某些问题[2]。因此，加强透明度可能会被错误地理解为保密和公开之间的站队。

AI设计师可能不会公开他们系统的信息，这不是因为商业机密，而是观看者可能无法达到应有的道德和意图标准。此外，在某种形式的透明度监管约束下，一个人可以有目的地披露超量的信息，扰乱筛选行动，以至于这个人反而可以隐瞒重要的信息，反其道地形成了“战略不透明”[17]。因此，歧视性做法在变得透明之后很可能会继续存在，而由于透明度提高而产生的公众知识可能会导致进一步的愤世嫉俗和腐败[1]。透明度是一个反思性的问题，涉及用户对程序的信任以及透明度本身的承诺[4]。如果实施透明性时却不知道为什么这样做，那么它会极大地威胁隐私形式，并阻碍前面讨论的公民发声。此外，尤其是在处理计算复杂的系统时，透明度措施应包括有关AI系统背后隐含的社会价值的问题:“该算法解释了什么？”

这把话题推回了可解释性和机器与人类思维差异的讨论。人与人交流时，通过概念上相似的结构组织信息，使得交流畅通。但对于深度学习等系统而言，不同的组织结构造成机器思维不能转化为有意义的类人思维。例如，解释深度神经网络的决策要耗费大量的精力，仅仅反向传播技术，就对每个任务的成功率产生了影响。

尽管这些差异很明显，但它们不应混淆人与计算可解释性之间的相似性。毕竟，人类思维是黑盒模式（也就是说，任何思维过程不具备可解释性）：我们对确定性的思考方式充满疑惑。但是，我们仅基于思考的“输出”就给出了很好的解释。我们需要牢记的是，透明度的目标是符合人类的理解能力。最后，对用户来说至关重要的是能够讲述一个故事，让其他人可以很容易地理解AI的行为。在这里，叙述再次扮演了核心角色。

这表明需要提高AI用户的素养，该能力被理解为根据不同的决策规则来讨论歧视的影响的能力。这可能涉及使用IBM AI Fairness 360工具包等平台进行教育工作，以探索有偏见的数据集，例如COMPAS Recidivism Risk Score算法所使用的数据集[6]。当数据载入和排除时，用户能够看到AI输出的改变，并探索数据点之间复杂的影响方式。与弱势群体合作是必不可少的，因为他们的观点可能会带来对公平和歧视的新见解。

通过叙事解释形式的披露，透明度的技术需求可能从“后政治”共识中解脱，并且重新配置为一种适当的政治工具[4]。它不是简单地使系统对于预定的一组类别不可见，它还涉及主动查询（倾听，推测，提问），通过这些查询可以在背景中了解指标的相关性或准确性。出于自身的原因而追求透明性只会导致我们走上循环的道路：无论AI可以提供多少透明性，算法过程或数据的某些部分仍然是不透明的。

迈向关系透明

通过综合考虑工程学、法律和社会学，我们可以看到，单一的透明度概念不足以应对数字歧视的评估。相反，透明度应该被视为需求和优先事项的关系簇。工程师对AI系统公平性的评估和解释只有偏差这一依据，而这不是歧视的本质。此外，算法的多个模组和面向领域涉及不同的透明度要求。在这里，透明度需要因地制宜嵌入适当的环境中。而法律专家面对算法时，会察觉到一些合理的问题：即使我们了解算法的工作原理，律师和政策制定者也需要对算法与法律或道德规范的一致性做出解释。具有透明度的自动化系统做出的理性决策也可能有失合理性和公正性。这里的透明度还需要填补别的理由。对用户而言，对透明度的需求和隐私与信任是矛盾的，会相互抵消。但同时，歧视性经验的特点往往是混杂了性别、种族和其他差异，之后形成了新的类别的排斥。所以，透明度还需要新的可解释性和人文形式加以补充。

因此，除了系统本身的透明度(见图1)，我们还需要翻译透明度，即人类的道德准则和法律被编码到AI规则中的清晰度；公民透明度，透明的解决方案能够引发富有成效的辩论；特征透明度，即用户有控制系统使用其数据信息的能力。

这篇文章的焦点在于不同利益相关者(包括工程师、法律专家和用户)需要不同视角和类型的透明度去参与和评估AI歧视问题。当这个问题仅从技术方面考虑(“什么变得透明了？”)，而不是定义视角之间的结构性紧张时，通过透明度创造公平就只能顾及其中一个视角。要解决这些复杂问题，就需要对数字歧视案例都

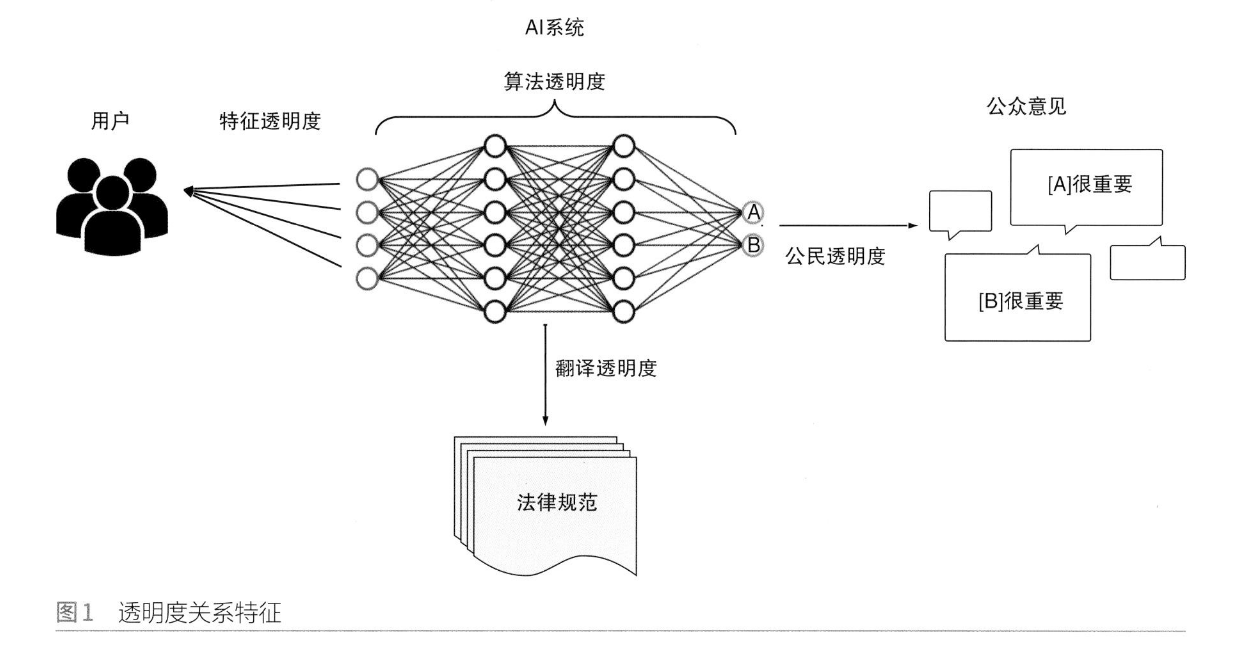

图1　透明度关系特征

有一个整体的认识。将透明度视为一种具有特异性、因果性和政治性的形式，意味着我们理想的和实施的透明度需要重点讨论。

参考文献

[1] M. Ananny, "Toward an ethics of algorithms: Convening, observation, probability, and timeliness," *Sci. Technol. Human Values*, vol. 41, no. 1, pp. 93–117, 2016. doi: 10.1177/0162243915606523.

[2] R. Binns, M. Van Kleek, M. Veale, U. Lyngs, J. Zhao, and N. Shadbolt, "It's reducing a human being to a percentage'; Perceptions of justice in algorithmic decisions," in Proc. *2018 CHI Conf. Human Factors in Computing Systems (CHI '18),* pp. 1–14. doi: 10.1145/3173574.3173951.

[3] R. Binns, "Fairness in machine learning: Lessons from political philosophy," in Proc. *Conf. Fairness, Accountability and Transparency*, 2018, pp. 149–159.

[4] C. Birchall, "Radical transparency?" *Cultural Stud., Crit. Methodol.*, vol. 14, no. 1, pp. 77–88, 2014. doi: 10.1177/1532708613517442.

[5] S. Cho, K. W. Crenshaw, and L. McCall, "Toward a field of intersectionality studies: Theory, applications, and praxis," *Signs*, vol. 38, no. 4, pp. 785–810, 2013. doi: 10.1086/669608.

[6] A. Chouldechova, "Fair prediction with disparate impact: A study of bias in recidivism prediction instruments," *Big Data*, vol. 5, no. 2, pp. 153–163, 2017. doi: 10.1089/big.2016.0047.

[7] S. Corbett-Davies and S. Goel, The measure and mismeasure of fairness: A critical review of fair machine learning. 2018. [Online]. Available: https:arXiv:1808.00023

[8] D. Danks and A. J. London, "Algorithmic bias in autonomous systems: A taxonomy of algorithmic bias," in Proc. 26th Int. *Joint Conf. Artificial Intelligence* (*IJCAI-17*), 2017, pp. 4691–4697. doi: 10.24963/ijcai.2017/654.

[9] B. Goodman and S. Flaxman, "European Union regulations on algorithmic decision-making and a 'right to explanation'," *AI Mag.*, vol. 38, no. 3, pp. 50–57, 2017. doi: 10.1609/aimag. v38i3.2741.

[10] M. Hildebrandt, "Algorithmic regulation and the rule of law," *Philosoph. Trans. Roy. Soc. A, Math., Phys. Eng. Sci.*, vol. 376, no. 2128, pp. 1–11, 2018. doi: 10.1098/rsta.2017.0355.

[11] B. Lepri, N. Oliver, E. Letouzé,

关于作者

Tom van Nuenen 伦敦国王学院信息学系数字歧视研究助理。研究兴趣包括数据传播的文化影响。荷兰蒂尔堡大学文化研究博士学位。
联系方式：tom.van_nuenen@kcl.ac.uk。

Xavier Ferrer 伦敦国王学院信息学系数字歧视研究助理。研究兴趣包括AI、自然语言处理和机器学习的交叉领域。IIIA-CSIC（西班牙研究委员会）计算机科学和AI博士学位。
联系方式：xavier.ferrer_aran@kcl.ac.uk。

Jose M. Such 伦敦国王学院信息学系的一名读者（副教授），KCL网络安全中心的负责人。研究兴趣包括AI、人机交互和网络安全的交叉领域，重点关注以人为中心的AI安全性、道德和隐私。瓦伦西亚理工大学的计算机科学博士学位。
联系方式：jose.such@kcl.ac.uk。

Mark Coté 伦敦国王学院数字人文系数据文化和社会高级讲师。研究兴趣包括关键的跨学科方法，重点关注大数据、算法和机器学习的社会、文化及政治经济学方面。西蒙弗雷泽大学传播学博士学位。
联系方式：mark.cote@kcl.ac.uk。

A. Pentland, and P. Vinck, “Fair, transparent, and accountable algorithmic decision-making processes,” *Philos. Technol.*, vol. 31, no. 4, pp. 611–627, 2017. doi: 10.1007/s13347-017-0279-x.

[12] M. Maggiolino, “EU trade secrets law and algorithmic transparency,” Bocconi Legal Studies, research paper no. 3363178, Mar. 2019. doi: 10.2139/ ssrn.3363178.

[13] T. Miller, “Explanation in artificial intelligence: Insights from the social sciences,” *Artif. Intell.*, vol. 267, pp. 1–38, Feb. 2019. doi: 10.1016/ j.artint.2018.07.007.

[14] B. D. Mittelstadt, P. Allo, M. Taddeo, S. Wachter, and L. Floridi, “The ethics of algorithms: Mapping the debate,” *Big Data Soc.*, vol. 3, no. 2, pp. 1–21, 2016. doi: 10.1177/2053951716679679.

[15] Z. Obermeyer, B. Powers, C. Vogeli, and S. Mullainathan, “Dissecting racial bias in an algorithm used to manage the health of populations,” *Science*, vol. 366, no. 6464, pp. 447–453, 2019. doi: 10.1126/science. aax2342.

[16] A. Prince and D. Schwarcz, “Proxy discrimination in the age of artificial intelligence and big data,” *Iowa Law Rev.*, vol. 105, no. 3, pp. 1257–1318, 2020.

[17] C. Stohl, M. Stohl, and P. M. Leonardi, “Managing opacity: Information visibility and the paradox of transparency in the digital age,” *Int. J. Commun.*, vol. 10, no. 1, pp. 123–137, 2016.

[18] J. M. Such, “Privacy and autonomous systems,” in *Proc. Int. Joint Conf. Artificial Intelligence (IJCAI)*, 2017, pp. 4761–4767. doi: 10.24963/ ijcai.2017/663.

[19] R. Tomsett, D. Braines, D. Harborne, A. Preece, and S. Chakraborty, Interpretable to whom? A rolebased model for analyzing interpretable machine learning systems. 2018. [Online]. Available: https:arXiv:1806.07552

[20] K. Yeung, “Algorithmic regulation: A critical interrogation,” *Regul. Gov.*, vol. 12, no. 4, pp. 505–523, 2018. doi: 10.1111/rego.12158.

（本文内容来自 Computer, Technology Predictions, Nov 2020）

Computer

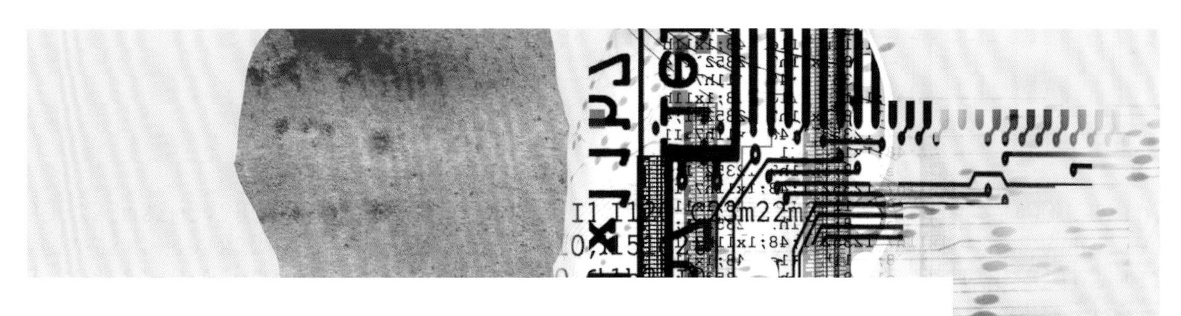

人工智能和关键系统：从大肆宣传到现实

文 | Phil Laplante 宾夕法尼亚州立大学
Dejan Milojicic 和 Sergey Serebryakov 惠普公司实验室
Daniel Bennett 国家可再生能源实验室
译 | 涂宇鸽

更多与公共健康、安全和社会福利相关的系统将会越来越多地应用人工智能。人工智能能够帮助这些系统更好地利用稀缺资源，预防灾难，提高系统的安全性、可靠性、舒适性和便利性。尽管存在技术挑战，缺乏公众信任，这些系统仍将改善全球数百万人的生活质量。

在未来五年中，人工智能（artificial intelligence, AI）在关键基础设施系统（critical infrastructure system）中的使用将显著增加。关键基础设施系统，或简称为关键系统，指的是那些直接影响公共健康、安全和福利的系统。如果这类系统发生故障，可能导致死亡、重伤以及财产或隐私的重大损失。关键系统包括发电和配电、电信、公路铁路运输、医疗保健、银行业等[1]。

人工智能和软件

人工智能在人类最复杂的系统中扮演着重要的角色，尤其是在安全关键系统中。在关键系统中，软件通常用于控制机电组件的行为并监视机电组件的交互[2]，但软件也有很多其他使用方式。关键系统中的人工智能可能涉及模式匹配和/或决策、预前预后分析、异常检测等。在一个简单的场景中，人工智能的显著优点在于可以自动完成大量无聊的任务，而过去这些任务需要人类（如分析师）筛选大量数据以得出用于决策的信息。在许多情况下，如果经过适当的培训，人工智能也可以做出很多这种决策。尽管可以用硬件、固件或软件来实现人工智能功能，但其设计、实现和测试都必须考虑到很高的安全性、防御性和可靠性裕度（reliability margin）。最后，关键系统的人工智能必须将实时分析与强大的网络通信结构结合起来，以不断适应持续变化的环境。

今天的人工智能在以下方式上不同于一般软件。当前的人工智能算法需要进行训练，使其尽可能向自我学习和理解发展进化。这种训练的结果是会形成一个黑匣子，经过训练的算法在使用过程中会缺乏“可解释性”。这种训练可能成为偏差（一种脆弱性）的来源，因为训练的成果取决于用于训练的数据质量。总而言之，相比于传统的软件，使用人工智能对于道德考量的需求更为迫切。

在关键系统中，内部与外部的交互、时序和一般处理错误可能导致软件进入不安全状态或系统故障。人工智能可以用于避免或修复这些不安全状态。关键系统中的人工智能未能按预期运行，可能会造成严重后果。其后果小到轻微的性能异常，大到灾难性故障，比如严重的金钱和财产损失以及大规模的人员伤亡[2]。出于这些原因，必须使用能够提供可解释结果的人工智能软件。在时机、偏见和结果方面，人工智能所提出的建议必须经过各种输入训练，保证可预测性和可重复性。

人工智能的进步与挑战

数据分析、机器智能、深度学习以及其他相关人工智能技术的进步已经推动并将继续推动关键系统的设计。通过更准确的图像识别和模式匹配、物联网（the Internet of Things, IoT）、边缘计算(edge computing)以及安全技术（例如高级加密和硬件加速），这些人工智能技术将优化关键系统的部署，增加公众对系统的信心和信任度。当人工智能学习或机器学习应用于网络安全，这些系统将展示出高水平的连接性、智能性和自动性（见图1）。与机器人过程自动化集成的物联网设备可确保传感器、执行器和电源之间的安全可靠通信[3]。

从数据中心到边缘设备，人工智能正广泛应用于多种系统。这些系统能够在时间条件限制下做出更加灵敏的思考、感知和行动。系统设计师们面对挑战更加有信心，可以应用多项技术进步来解决不稳定、不确定、复杂和不清晰的问题。

要在关键系统中成功应用人工智能模型，需要解决许多技术挑战。其中，我们认为以下几点是最重要的。

（1）模型偏差：对一个示例的展示过多、对其他示例的展示不足（不平衡的数据）使模型偏向一个或多个主要类别。在医疗保健或金融等社会领域，这可能会导致不公平和不道德的决策。未标记数据多于已标记数据的情况并不少见，因此需要某种机制来自动验证人工智能模型。

（2）对抗攻击：随着深度学习模型的兴起，安全性方面出现了一种被称为对抗攻击（adversarial attack）的新趋势。这种类型的攻击所使用的数据宏观上看起来像真实数据（例如，路标），但在微观级别上进行了修改，从而对模型的决策产生巨大影响。人工智能模型要么需要足够强大以检测被篡改的输入，要么需要其他人工智能模型来检查输入数据是否来自一组预期输入。

（3）数据安全：人工智能模型都是不断增长的数据集。攻击者可以通过更改现有元素或引入新元素来修改数据集，使人工智能模型学习与预期相反的行为。必须引入特殊的安全协议和框架

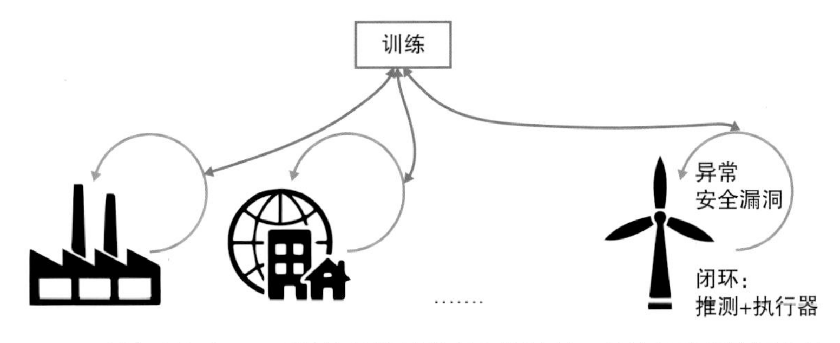

图1　除针对物联网和后端的传统的推理和训练外，关键基础架构还在边缘进行实时循环，当检测到异常或安全漏洞时，执行器可能需要触发行动

以确保数据集的有效性。

（4）模型安全：在未来的系统中，从数据中心到边缘到可穿戴设备，人工智能模型将被使用在任何地方。这种部署与当前这种假定设备位于安全设施中的部署有很大不同。主管人工智能模型的系统需要能够验证模型的有效性，识别对其进行修改的尝试，并在受到威胁时重新部署。

（5）信任：使用无人驾驶汽车等具有高度自动化水平的系统（在当今并不常见，但在将来会越来越需要）意味着人们需要学会信任这些系统。人工智能，尤其是深度学习和强化学习技术，已经并将继续对社会几乎每个领域产生重大影响，从而导致对公众信任的极端需求。

（6）可解释性和自我评估：基于人工智能的模型或控制系统需要能够不断捍卫/解释其决策。这些模型必须能够识别出他们对做出正确决策没有信心的情况，并告知操作员需要采取控制措施。因此，人工智能模型必须是可解释的，这是一个挑战，因为现在许多模型在使用时都是一个黑匣子，其输出难以解释或无法解释。

（7）合法：法律是可能阻碍人工智能模型广泛使用的重要因素之一。为了使人工智能在关键系统中得到广泛应用，必须要引入某些认证和确认程序。

预测分析

在关键基础设施系统中，强大的网络安全是必需的，这就是我们期望增加人工智能应用的地方[4]。针对电网、空中交通管制系统或电信基础设施的网络攻击会产生毁灭性影响。人工智能将继续在增强网络安全性方面发挥更大的作用。人工智能可以分析大量存储的和流式传输的数据，以找出可能受到威胁的部分。有监督的学习方法和无监督的学习方法都可以在异常检测中发挥重要作用，以防止和/或帮助系统快速响应可能的恶意活动，从而帮助减轻其可能产生的影响。在被攻击后的分析中，还可以对这些数据进行有监督的和无监督的学习，以预测受到入侵的原因，监视系统以防止将来的入侵。

人工智能还可以用于处理关键系统中的常见故障源——组件和/或子系统之间的交互。这些交互容易产生设计错误，尤其是在新产品发生变化时。在这样的系统中，可以使用由人工智能驱动的高级诊断和预测功能来隔离故障的根本原因并预测组件错误，从而进行维修或提前更换。故障机制与系统生命周期管理的系统链接称为预测和健康管理（prognostics and health management，PHM）。PHM用于帮助系统预测故障，以便在组件出现故障之前就可以对其进行更换，也可以采取其他预防措施。PHM是在关键系统中实现超高可靠性和安全性的重要组成部分[5]。

大量回顾性和实时数据的收集是成功实施PHM系统的重要组成部分。大量的传感器需要被添加到系统中，以收集实时数据。此外，必须在项目生命周期的早期就对PHM数据收集程序做出整体计划，并与现场支持和维护的人员密切配合[6]。

应用

对于关键系统，人工智能模型可用于知识推理、计划、自然语言处理、计算机视觉、机器人技术和通用人工智能等领域，高度适用于大部分关键系统应用。人工智能可用于性能优化、故障保护、欺诈和入侵的预防与检测、系统预测和健康管理以及故障分析。

关键系统的典型领域包括医疗保健、运输、互联网技术和公共基础设施、商业和金融。表1列出了关键基础设施的应用领域、示例系统以及人工智能的可能用途。其中，应用领域的分类已根据美国国会关于关键基础设施的鉴定研究[1]进行了改编。

故障分析是由定义明确的规则和协议确定的。装配人工智能的引擎可以利用（收集证据得到的）事故相关知识来推断新信息，并提出下一步建议。异常检测方法可以完成欺诈和入侵检测。目前，异常检测方法通常基于统计或机器学习，每个异常检测模型都基于少量信息源做出决策。未来的系统将基于如自动编码器之类的深度学习方法，能够同时对大量输入信号进行分析，以发现异常情况。故障保护操作由几个人工智能模型共同完成，确保其中之一发生错误时，其他的可以继续做出决策。这些模型由智能代理控制，智能代理根据特定协议相互通信以协调不同的决策。例如，如果一个代理检测到自己由于意外情况无法做出可靠的决策，它将寻求其他代理的帮助，询问它们对自己当前情况的决策。系统预测和健康管理将通过部署在相应设备或系统上的许多人工智能模型来实现，这些模型将不断监视操作遥测，以预测哪些组件可能在下一分钟、小时或天等时间内发生故障。系统的性能优化将通过创建“数字双胞胎”（digital twins）来实现。“数字双胞胎”是一种人工智能模型，例如深度神经网络，可以对输入信号做出响应。通过馈入各种信号和不同的信号组合，人工智能可以确定使特定标准最小化的最佳配置。

但是，在关键系统中的人工智能应用并不一定仅限于这些领域。在消费系统（如热食自动售货机和智能洗车机）、娱乐系统（如互动游乐园、虚拟现实游戏和电子玩具）和家庭环境（如智能家居和家电）中，也存在其他的一旦发生故障可能导致受伤甚至死亡的面向公众的关键系统。

影响

在未来五年中，我们将看到各种有影响力的场景：

（1）在电信和电力系统基础

表1　关键系统的应用领域，示例系统以及人工智能的可能用途

应用领域	示例系统	典型的人工智能应用
电信基础设施	公共电话网，本地分支交换	ID, FA
供水系统	水处理厂，水坝控制	FA, FS, PHM
电力系统	核电站，区域电网	FA, FS, PHM, PO
石油天然气生产与分配	天然气管道，天然气发电厂	FA, FS, PHM, PO
公路运输系统	智能州际公路，交通监控	FA, FS, PHM, PO
铁路运输系统	高速铁路线，城市列车网络控制	FA, FS, PHM, PO
空中运输系统	空中交通管制系统网络，客机自动驾驶	FA, FS, PHM, PO
银行与金融服务	养老基金管理，股票市场管理	FD, ID
公共安全服务	航空旅客检查，警察派遣	FD, ID, PO
健康服务系统	机器人手术，健康记录管理	FD, ID, PO
行政和公共服务	员工人事数据库，退休管理	FD, ID

FA：故障分析。FD：欺骗检测。FS：故障保护。ID：入侵预防和检测。PHM：系统预测和健康管理。PO：性能优化。

设施中，机器学习更为强大的人工智能将达到新的安全级别，能够进行威胁预测和缓解。网络将完全可以自我重新配置，以适应网络中断和高峰期负载模式。由更先进的人工智能驱动的机器人检查将为遥远的难以到达的资产提供更好的维护程序。

（2）在供水系统中，我们期望人工智能通过更好的监控算法来改善水质。农村地区和服务差的地区将借助基于更先进更可靠的人工智能建立的过滤、净化和抽水系统来增强淡水供水能力。这些系统还可以通过更高级的数据分析提高自然资源的管理和可持续能力。污水中的流行病和毒品使用监测也是如此[7]。

（3）通过使用人工智能，电力、油气生产和分配系统将继续得到改善。人工智能驱动的电源供应负载平衡和故障诊断中已有显著进步。但是，即使在像美国这样的"发达"国家，电网以及石油和天然气分配使用的组件也可能已经有100多年的历史了。这些陈旧的基础架构可以通过系统预测和健康管理得到极大改进，可以防止严重故障的发生并及时进行改装[8]。

（4）到目前为止，通过使用化石燃料、核能甚至是水力发电（例如大坝），大部分电网都具有可靠的惯性驱动。大多数情况下，电力分布会跨越很长的距离，传输电线会因为固有损耗导致效率低下。电网边缘的分布式能源（distributed energy resources, DER）可以在不依赖化石燃料的情况下提供更接近需求的电力，但缺点是在数量和频率上分布式能源与它所输送的能量不一致。因此，电池需要和这些可再生资源一起使用，以存储并输送能量，尤其是在可再生资源无法发电的时候（例如，没有太阳时的太阳能电池）。电池还可以在能源消耗顶峰时间内使用，在非顶峰时间根据需要通过大容量电网充电，以最大程度地降低成本、平衡当天的电量供求。这些系统面临的主要挑战是如何同步控制分布式电源和/或电池存储所需的DC-AC转换。此外，由分布式能源产生和/或由电池存储提供的额外电力可以重新利用到电网中，以更广泛地使用，并通过某种贸易或市场类型的机制分配给生产者和消费者。所有这些方面都可以且应该通过人工智能进行管理和优化[9]。

（5）许多城市现在已经出现了自动驾驶和半自动驾驶汽车。更完善的全自动驾驶汽车数量将在全球范围内激增。但同时联网汽车的数量也会迅速增加，因此，现在已经存在的智能道路和高速公路的试点和小规模应用将在全球范围内继续发展。智能交通系统通过监视交通、识别加速器等分析来提供高级服务。智能高速公路与其他系统（如无人机[10]）和交通意识服务（如Waze）的交互操作，可以提高交通流量，防止交通事故发生，保护骑行者、行人和路过的野生动物的安全，帮助驾驶员找到停车位[11]。

（6）5G和其他高带宽机制的出现将提高自动驾驶汽车协商机器对交叉路口交通流量的协商能力。人工智能将使这些发展成为可能。我们可以预见未来红绿灯甚至人类驾驶员都会消失。然而，有了这些可能性，我们也需要意识到网络安全的隐患。随着这些技术的不断发展，这些隐患需要被解决。车辆将继续发展并变得越来越电子化，这意味着它们将成为接入电网的、需要随处充电的移动设备。未来，汽车如何以及何时必须充电和放电的优化管理也需要人工智能。

（7）在铁路运输系统中，人工智能已被用于改善准时性和安全性，并且在世界各地（如机场和游乐园中）都可以找到自动铁路线。但是，这些由高级人工智能驱动的系统将需要与其他智能基础架构进一步集成，以实现利益最大化。其中，网络安全性需要加强。

（8）在空中运输系统中，人工智能可以用于提高安全性，保证准点到达，减少飞行时间，防止网络入侵。甚至，地区性的机场也可以使用高级人工智能来提高安全性。自动驾驶系统的改良可以改善准点到达，减少事故，减少燃油消耗。

（9）在银行和金融服务中，人工智能可以增强安全性，进行欺诈检测和预防。某些人群，特别是老年人，很容易受到金融骗局的侵害，而机器学习算法是保护其资产的关键。我们希望这些技术能继续发展，增强公众对所有金融系统的信心[12]。

（10）在公共安全领域，人工智能已经通过面部识别和行为模式匹配，在威胁识别应用中展现了优势。深度学习算法将越来越多地用于监视和识别公共空间中的威胁。执法部门将越来越多地使用人工智能来应对犯罪调查中涉及的大量信息，从而提高工作效率，保障公共安全。在公共安全服务领域，人工智能可以用于更加灵活高效地调度急救人员和救护车。用于监控的安全机器人将在公共场所、商店（如用于清理和补货）、购物中心、甚至私人场所中得到越来越多的使用。尽管公众可能会担心隐私问题，但人工智能仍将被大量使用。

（11）在医疗保健领域，机器人应用中使用了很多人工智能程序。机器人技术的应用包括手术、医疗物资运送和机器人陪护。机器人还用于家庭护理，能够帮助患者从病床移动到轮椅上，引导患者运动并进行简单的对话。陪伴型机器人还可以通过提供舒适感、情感支持和信息来帮助弱势人群，例如老年人或残疾人。新冠病毒大流行已经提高了公众对于远程医疗的好处和潜力的认识。远程医疗与更高级的人工智能相结合，具有造福人类的巨大潜力。我们希望看到人工智能在医疗保健中的应用显著增加，也希望在未来五年中出现许多新的人工智能应用程序。

（12）在农业领域，人工智能将提高无人机的空中成像能力，帮助检测农作物减产和灌溉系统的不平衡，以提高产量和用水效率。人工智能方法的进步将减少培育新植物和农作物的成本和时间。人工智能培养的植物和农作物可以免疫已知疾病，且能更好地适应气候变化。

（13）在公共管理和公共服务领域中，人工智能可以通过更高的网络安全性、预设相应能力、应变能力、容错能力和恢复能力，为公民提供更可信、更透明、更可靠的服务（如税收和房地产评估）。

技术挑战

关键系统的开发、测试和部署都非常昂贵，而由于所涉及算法的复杂性，支持人工智能的关键系统会更加昂贵。但是除了成本，未来还会有很多重大挑战，其中之一是，如何为意料之外的交互开发出新系统。由于关键基础设施系统具有点对点连接到不安全系统的潜在可能，因此在计划使用和滥用案例上必须投入大量精力[11]。

另一个挑战是如何确定适当的软件结构。有许多标准架构需要考虑。例如，PROMISE提供了一个“安全的基础结构，用于在整个生命周期各个阶段交换和处理生命周期管理数据，特别强调要在生命中期和生命终止阶段改善生命周期数据的可访问性和可用性。”[13]

复杂的传统硬件和软件体系结构可能连“最简单”的人工智能

功能也难以支持。并非为与其他系统交互操作而构建的旧系统，以及包含旧的安全漏洞的旧系统都可能会导致系统集成问题。关键基础设施中，引入人工智能功能必须非常小心，要从简单的实验开始。但这种缓慢地转向人工智能的做法会加剧赞助商、公职人员和用户的不耐烦和沮丧情绪，在急于发展人工智能的过程中会产生新的压力和风险。

最近的灾难，例如几次波音737 Max飞机坠毁，即使它们与人工智能无关，也可能会降低公众对关键基础设施中的人工智能技术的接受程度[14]。因此，关键系统中人工智能的未来需求不仅需要硬件和软件技术（硬件、软件、法律框架和人为因素）的重大进步，还需要在多个维度上的信任确认。美国国家标准协会（National Standards Institute）规定了18个与“物联网”相关的信任问题，其中许多问题适用于关键系统的人工智能，包括：控制权和所有权，可组合性、交互性、集成性和兼容性，规范和要求，同步性，可预测性，测试和保证方法，认证，安全，可靠性，数据的完整性，可保险性和风险衡量[15]。为了建立这种信任，建构关键系统中的人工智能的人必须是可信且合格的。

在关键基础设施中使用人工智能需要针对系统中的系统量身定制的新设计方法，并要求以前所未有的规模提供非常灵活的标准。在关键系统的许多领域中，有许多适用标准，它们的有效性取决于在不断变化的领域空间和所有系统交互中准确识别所有相关标准。假定各方都遵守该规定，并在交互过程中处理标准的协调问题。

新的IEEE标准P7009是一种针对自动和半自动系统的故障保护设计，它建立了一种“在自动和半自动系统中开发、实施和使用有效的故障保护机制的特定方法和工具的实用技术基准。”该标准想要提出“明确的程序，以衡量、测试和证明一个系统从弱到强的故障保护能力，以及在性能不令人满意的情况下进行改进的说明。”[16]而且，还必须同时协调特定领域的标准、合规性、环境、行业标准等。

如果不安全地连接了设备，或是连接了那些仅配备了常规安全措施的设备，智能基础设施受到攻击的风险会大大增加。但是，基于人工智能技术的计算机安全可以显著提高系统抵抗攻击的能力、从攻击中恢复的能力以及识别攻击者的可能性[17]。

需要预防的风险

快速部署人工智能的主要风险是收益实现缓慢以及社会和法规的限制。由于科幻电影、书籍和社交媒体帖子对人工智能的真实能力和风险的夸大和伪造，人们会对人工智能产生不必要的恐惧和不确定性。对具有感知和自我意识的人工智能系统的虚构描述（如电影《2001：太空漫游》中的HAL）给公众带来了对人工智能不切实际的认知。人们认为，如果不呼吁政府严格限制在关键系统中使用人工智能，可能会导致一场悲惨的灾难。

另一个问题是，如何为这些更先进的人工智能系统找到合适的训练数据，例如生物识别、行为信息和行为模式（如针对公用事业）。举个例子，如何保护人工智能工作所需的训练数据（例如行为模式、面部识别和其他生物识别特征）当中的隐私这个问题，就有可能会阻碍进度和部署。

最后，遗留系统集成问题、标准过载和混乱可能会减慢人工智能部署进度。用于关键系统的人工智能也需要在行业和监管机构之间进行重点协调。更多注意力需要被放在建立政府投资、社区、大学和行业的合作伙伴关系上。建立这些系统的人们必须是专业的、负责的、坚定的，让我们相信，他们能让人工智能发挥其真正的潜力[18]。

我们正处于一个转折点。公众可能已准备好接受完全自主的关键系统，而不仅仅是半自主（人为监督）的系统。人工智能应用将渗透到关键基础设施系统的所有领域，带来重大收益，包括增强对有限资源的利用、减少事故造成的伤害和死亡。这些收益在农村和服务不足的社区中尤其明显。

一旦克服了公众接受度、多种技术协作、系统的点对点交互模式等挑战，那么未来五年内将有更多雄心勃勃的应用程序投入使用。但我们期待在最多一两年内，能够进行一些初始的人工智能部署，为其合规性的初始设置奠定基础。

参考文献

[1] J. D. Moteff and P. Parfomak, "Critical infrastructure and key assets: Definition and identification," Congressional Research Service, Library of Congress, Washington, D.C., Oct. 1, 2004. [Online]. Available: https://fas.org/sgp/crs/RL32631.pdf

[2] E. Wong, X. Li, and P. Laplante, "Be more familiar with our enemies and pave the way forward: A review of the roles bugs played in software failures," *J. Syst. Softw.*, vol. 133, pp. 68–94, Oct. 2017. doi: 10.1016/j.jss.2017.06.069.

[3] D. Lange, "Cognitive robotics: Making robots sense, understand, and interact," *Computer*, vol. 52, no. 12, pp. 39–44, Dec. 2019. doi: 10.1109/MC.2019.2942579.

[4] K. Bresniker, A. Gavrilovska, J. Holt, D. S. Milojicic, and T. Tran, "Grand challenge: Applying artificial intelligence and machine learning to cybersecurity," *Computer*, vol. 52, no.12, pp. 45–52, Dec. 2019. doi: 10.1109/MC.2019.2942584.

[5] Y. Zhang, G. W. Gantt, M. J. Rychlinski, R. M. Edwards, J. J. Correia, and C. E. Wolf, "Connected vehicle diagnostics and prognostics, concept, and initial practice," *IEEE Trans.* Rel., vol. 58, no. 2, pp. 286–294, 2009. doi: 10.1109/TR.2009.2020484.

[6] K. M. Janasak and R. R. Beshears, "Diagnostics to prognostics: A product availability technology evolution," in *Proc. Reliability and Maintainability Symp.*, 2007, pp. 113–118. doi: 10.1109/RAMS.2007.328051.

[7] K. Pretz, "Combating the opioid crisis, one flush at a time," *IEEE Spectrum*, July 3, 2019. [Online]. Available: https://spectrum.ieee.org/the-institute/ieee-member-news/combating-the-opioid-crisis-one-flush-at-a-time.

[8] J. Daniels, S. Sargolzaei, A. Sargolzaei, T. Ahram, P. A. Laplante, and B. Amaba, "The Internet of Things, artificial intelligence, blockchain, and professionalism," *IT Profess.*, vol. 20, no. 6, pp.15–19, Nov./Dec. 2018. doi: 10.1109/MITP.2018.2875770.

[9] S. Khan, D. Paul, P. Momtahan, and M. Aloqaily, "Artificial intelligence framework for smart city microgrids: State of the art, challenges, and opportunities," in *Proc. 3rd Int.Conf. Fog and Mobile Edge Computing (FMEC)*, 2018, pp. 283–288. doi:10.1109/FMEC.2018.8364080.

[10] E. Frachtenberg, "Practical drone delivery," *Computer*, vol. 52, no. 12, pp. 53–57, Dec. 2019. doi: 10.1109/MC.2019.2942290.

[11] P. Laplante, "Smarter roads and highways," *IoT Mag.*, vol. 1, no. 2, pp. 7–13, Dec. 2018. doi: 10.1109/IOTM.2018.1800007.

[12] Y. Qi and J. Xiao, "Fintech: AI powers financial services to improve people's lives," *Commun. ACM*, vol. 61, no. 11, pp. 65–69, 2018. doi: 10.1145/3239550.

[13] J. Anke, B. Wolf, G. Hackenbroich, H. Do, M. Neugebauer, and A. Klein, "PROMISE: Product lifecycle management and information tracking using smart embedded systems," in *Strategic Information Systems: Concepts, Methodologies, Tools, and Applications*, 2010, pp. 970–977. doi:10.4018/978-1-60566-677-8.ch062.

[14] A. J. Hawkins, "Deadly Boeing crashes raise questions about airplane automation," *The Verge*, Mar.15, 2019. [Online]. Available: https://www.theverge.com/2019/3/15/18267365/boeing-737-max-8-crash-autopilot-automation

[15] P. Laplante and S. Applebaum,"NIST's 18 Internet of Things trust concerns," *Computer*, vol. 52, no.6, pp. 73–76, 2019. doi: 10.1109/MC.2019.2908544.

[16] *Fail-Safe Design of Autonomous and Semi-Autonomous Systems*, IEEE Standard P7009, 2017.

[17] "Artificial intelligence and machine learning applied to cybersecurity: The result of an intensive three-day IEEE Confluence, 6–8 Oct. 2017," IEEE, Piscataway, NJ. Accessed: Sept.2, 2020. [Online].Available:https://www.ieee.org/content/dam/ieee-org/ieee/web/org/about/industry/ieee_confluence_report.pdf

[18] E. Mynatt et al., A national research agenda for intelligent infrastructure. 2017. [Online]. Available:arXiv:1705.01920

（本文内容来自 Computer, Technology Predictions, Nov 2020）

Computer

人工智能和网络生物安全交叉口的透明度威胁

文 | Sara R. Jordan，Samantha L. Fenn　弗吉尼亚理工学院暨州立大学
Benjamin B. Shannon　美国联邦调查局
译 | 叶帅

人工智能与网络生物安全领域，为满足透明性这一道德规范，各自采取了相应的措施。但是，这可能无意中导致生物战争，会产生更大的伤害。那些使公众更容易获取人工智能和生物科学数据的举措，引起了人们对国家安全新的担忧。

如果人工智能（artificial intelligence，AI）带来的威胁来自使用人工智能技术制造的微小药剂，而不是直接攻击人类的拟人机器人，怎么办？人类为追求透明性的道德规范而免费开源生物和编程技术，如果这种威胁的核心组件就是用这些免费技术构建，怎么办？如果不妥善管理透明准则带来的风险，这些出去的人身生物安全（涵盖基因重组和合成生物学）和人工智能（涵盖自动化系统）领域的文献，可能会造成灾难。

人工智能作为一套无法独立工作和缺乏实质性的工具，对人类的风险（涵盖国家安全）是有限的。但是它与特定领域的材料结合工作时，其特性则引起了人们更多的担忧。例如，在生物数据的背景下使用人工智能技术会造成更大的威胁。简而言之，与不使用AI算法相比，这些开源且更快、更高效、可扩展的AI算法应用于能公开获取的生物数据库上，可以快速、不限次、低成本地识别具有致命性或有有害影响的制剂或其成分。同样的，人工智能与生物安全领域的双重用途研究，特别是以相对低成本就能实现的网络生物安全领域的双重用途研究，很有可能脱离传统系统的监督。

值得关心的是，如果有人不合规地使用受“联邦选择代理计划”管制的生物病原体数据，将会对人类安全和国家安全造成威胁。在过去，这些数据一直是在高度可控、能受到严格监督的环境中使用。人工智能技术与敏感的生物数据相结合可能会对国家安全构成威胁。当不法分子将非人类生物系统（植物、动物、海洋环境等）与网络生物安全领域相结合（即用机器去阅读和解释互联网上的细菌学、病毒学、毒理学、真菌学或寄生虫感染性病原体的数据），这种新的威胁就产生了。

将计算机辅助数据挖掘、大规模开放数据库和决策评分系统引入网络生物安全领域，会造成一种潜在威胁，即可能有人使用人工智能工具去识别和定位关键药剂，甚至是药剂的组成部分，然后将这些与生物系统相结合从而增强致病性或致命性。这些同样的工具还可以被用来混淆反措施，恶意改变本是用来寻找有用或致命物剂的“白帽子”算法的训练方向。

我们的立场是，人工智能方法和生物数据的透明性对国家安全来说是一种新威胁。具体而言，在没有监管的情况下，这两个领域的道德行为可能会造成难以接受的危害。这样的道德行为包括在公共卫生领域与计算机社区间，构建一条网络通路以及在科学界和情报界之间建立开放的通信线。开源的人工智能技术与开放的生物数据相结合的双重用途研究引发了人们的担忧。双重用途研究的目的本身是合法的，它可以生产知识、信息、技术和产品。但是它有着两面性，可以用于慈善也可以造成祸害。

本文的篇章布局如下：

（1）确定科学伦理学是如何导致这种情况的。

（2）回顾与人工智能和生物数据双重用途研究相关的问题。

（3）提出一种可以缓解这种双重用途研究带来的威胁的机制，并解释这种机制对科学道德规范在问责制度和透明性方面带来的挑战。

（4）提出一个修正的人工智能和网络生物安全的透明性和问责制的道德规范，以免在不经意间造成风险。

网络生物安全

直到最近，有关生物防御与生物安全问题的讨论主要围绕生物制剂的物理储存和处理。这些制剂是恐怖分子生物袭击的关键，如果它们被故意释放，这些危险微生物病原体会引发重大流行病。随着网络技术的发展，生物数据库变得可公开访问，由此引发的一系列新问题，被称为网络生物安全问题（图1）。

网络生物安全旨在呼吁人们关注网络入侵生物过程的风险。这些风险将对许多部门的声誉、经济和国家安全产生重大影响，如医疗保健、生物制药、农业和基因组学以及其他生物制造过程。随着这门新学科的发展，人们认识到许多基于生物方法的生物过程存在被网络入侵的可能。网络生物安全被认为是一项新事业，它包括与生物、生物医学系统相结合的网络安全、网络物理安全和生物安全[1]。

网络生物安全专家呼吁在国家安全问题上应未雨绸缪，强调研究额外监视、入侵和恶意有害活动的

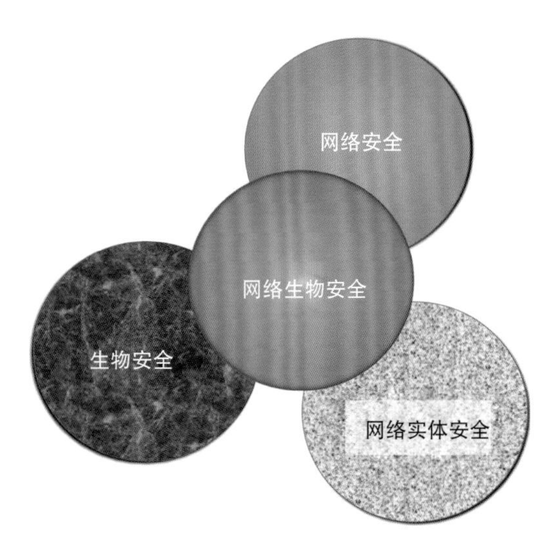

图1 网络生物安全是一门新兴学科，涵盖了生物过程的网络安全、生物安全和网络实体安全方面[2]

漏洞的重要性。这些入侵可能发生在生命和医学、网络、物理网络、供应链和基础设施的系统内部或接口处。然后，制定安全、有效、可靠的应对措施，用来预防、抵御、减轻、调查和确定这些威胁[1]。

透明性和新的安全威胁

人工智能和生物安全问题之所以被一起提起，是由于两个科学领域有着相同的道德目标：透明准则和问责制度。在很多科学实践的伦理讨论中，科学方法、材料（如数据）和资金的透明度对于优质出版物、可资助的项目和学科内知识的累积十分重要。只有方法、材料和资金对读者透明，科学界才被人们认为是对公众履行了基本义务和践行了透明准则这一道德价值。

人工智能领域问责制度和透明准则产生的原因与本学科的探索和部署方式有关。正如本文后面将更全面地描述的那样，当这些方法通过公开演示(专业数据库上的开放源代码、解释性视频、同行评议出版物、流行出版物和大规模开放在线课程)展示时，此学科的技术对于大众来说更加透明。然而，当达到这种透明度时，中立的方法却可以应用于几乎任何种类的数据，包括生物数据。

生物安全领域问责制度和透明准则产生的原因与学科探索所生成的数据有关。向科研人员开放的公共生物数据库，其中储存了大量信息，它们可用于治疗传染病、找到导致疾病暴发或大流行的生物体、查明细胞机制、更好地了解目前有没有治愈方法的疾病[3]。

人工智能和网络生物安全领域的研究人员在不断问责和追求方法与材料的透明性的同时，会以积极或消极的方式使用研究数据。人们对这样的双重用途非常担忧，比如不法分子可以访问数据并利用数据来挖掘漏洞。这种担忧的加剧来源于人工智能方法和在互联网上现成的生物数据（材料）和方法（例如质粒转换）在“暗网”上被作为一种商品进行传播。这些敏感数据和代码在以前仅有少数专家拥有访问权限，而现在却是广大公众的开源财产[4]。

透明准则是科学的道德规范

在推进科学的同时保护外行的社会是许多科学家熟悉的一种平衡行为[5]。无论是科学伦理的陈述还是对拟议研究的伦理审查的过程，科学进步与国家安全的平衡是物理、社会和计算科学工作的基础。平衡体现的其中一种方式是推动科学的普及。鉴于公众对（科学）社群进行的研究有“知情权”的论点，科学家们采取了一些举措来践行透明准则，这些举措使得科学发展、专业知识和科学数据对外行群体更加透明[6]。然而，正如国家安全领域的专家所建议的那样，当国家安全问题出现时，科学的高度透明性则是达到了不能接受的水准。

从主要的研究伦理文件来看，科学的伦理价值包括诚实、公平、客观、公开、值得信赖和尊重他人。Resnick将“开放性”描述为“愿意与其他研究人员分享数据、结果、想法、方法和技术”[7]。美国核事务管理委员会表示数据共享的好处包括：“提供独立的机会来验证、反驳或完善原始结果和数据，从而保持研究过程的完整性；促进新的研究以及新理论的开发和测试；鼓励在政策制定和评估的过程中适当地使用经验数据”[8]。从全球的学术界来看，研究数据共享其价值有着广泛的共识，比如《新加坡研究诚信声明》，其中就鼓励研究人员“一旦确定了自身工作的优先权和所有权，就迅速地公开、共享数据和研究成果”[9]。本声明和其他普适声明也要求研究人员“权衡社会利益以及工作中固有的风险”，但没有具体说明研究在促进或减少国家安全方面的作用。

人工智能和计算领域的道德规范

美国计算机学会（the Association for Computing Machinery, ACM）在2018年更新了道德和职业行为规范：“计算机从业人员的行为对世界有着其影响力。为了对自身的行为更加负责，他们应该反思自身工作更为广泛的影响力，要始终如一地坚持维护公共利益”[10]。ACM规范是管理计算机科学领域伦理学（包括人工智能研究和产品开发）的主要指导方针之一。虽然有无数管理人工智能的规范出台，但Floridi和Cowls反对这一“扩散原理”，并建议了五个主要原则：“仁慈、非恶意、自主权、正义和可解释性（分为可理解性和问责性）”[11]。

许多出台的规范都强调了问责制、透明度和可解释性。可解释的人工智能目的是为了打开神经网络等复杂人工智能技术的“黑匣子”，是一个多方面的话题。它既包含单个模型，也包括并入了它们的大系统，它不仅指一个模型输出的决策是否可以被解释，还包括围绕模型的整个过程和意图是否可以被正确地解释。

系统应该满足以下三个方面：

（1）解释系统如何影响有关各方的意图。

（2）解释您使用的数据源以及是如何审计结果的。

（3）解释模型中的输入是如何得到输出[12]。

可解释的人工智能的发展包括解释数据和模型的方法，或解开有偏见的结论、错误分类和与开发人员或用户期望相矛盾的行为的原因，解释材料（数据）和方法（模型），激发有关人工智能伦理道德的讨论。

生物数据的道德规范

传统的知情同意规范、临床均势（Clinical Equipoise）原则和有效的科学知识积累继续激励着伦理研究工作的进行，临床大数据和远程医疗的出现为这些讨论增加了重要因素[13]。生物大数据的官方定义是：在信息生态系统中创建、驻留、分析和移动大量、多样的数据集。对于生命科学而言，数据是指：来自卫生保健系统、制药工业、基因组学和其他组学领域、临床研究、环境、农业和微生物群工作的原始数据、组合数据或已发表数据的数据集[1]。生物大数据还包括很多分析技术以及它们的输出，如数据集成、数据挖掘、数据融合、图像和语音识别、自然语言处理、机器学习、社交媒体分析和贝叶斯分析[1]。生物大数据有时会与各种格式的生物数据一起进行分析，比如族谱服务（如23&Me，祖先DNA）的数据。这些服务可以让用户深入了解传统、遗传特征和祖先历史。

包括生物医学数据在内的生物数据，可以用于很多应用，其中包括有益的也包括有害的，如何控制双重用途应用的广泛程度便成了难题。在微观层面，个人数据可用于改善肿瘤学的临床效果，但同样的数据也可以被不法分子利用，如盗取个人的病史。医疗欺诈会造成数据盗窃现象和企业间谍活动，还可能发生勒索个人的恶性事件。网络生物安全领域的专家们极其关心医疗保健数据的使用问题，比如操纵个性化医疗行为。

美国联邦调查局（Federal Bureau of Investigation，FBI）大规模杀伤性武器局（Weapons of Mass Destruction Directorate，WMDD）生物对抗措施部门的监督特务——爱德华•尤伊（Edward You），是卫生保健数据双重用途问题的主题专家之一，他表达了以下担忧：如果一个陌生甚至违法的信息源头有你的生物信息，那么掌握信息的人可能会对你未来的医疗需求有一些特别的了解，并加以利用。例如，如果你有特殊的医疗需求并且一个团体说他们有治疗你的条件，你可能最终会被说服花一大笔钱进行一个假的治疗[14]。

在一个影响较大的事件中，入侵个性化生物大数据可能会破坏政府机构内的团体，并进入数据仓库，以窃取政府或个人知识产权。

生物数据的滥用，无论是针对医疗保健数据、医疗记录还是基因组信息，都可能会对国家、机构、社会或个人构成威胁。美国国家科学院、工程院和医学院与FBI的WMDD联合主办了一个研讨会，主题是“了解生命科学与信息科学交叉的新兴技术应用和潜在威胁”[15]。

一位与会者在会上发言：“在社会中，存在很多网络钓鱼诈骗、机器人、勒索软件以及软件漏洞。越来越多的网络钓鱼诈骗和勒索软件将注意力指向了医疗保健数据，勒索软件攻击由此增加了3500%，损失金额超过160万美元。但这些数据可能仍是保守的，因为私营公司不需向消费者披露生物经济领域的违规行为。”

Brooks讨论了生命科学界为何特别容易受到网络攻击，这是因为许多数据的生成和分析工具都需要进行数字化，并且还需要使用那些暂时没有足够保护标准的设备[15]。

识别并防范网络生物数据威胁

恶意智能体通过使用开放的生物数据和开放的AI来创建新型生物药剂，这种威胁是真正的国家安全问题。无论所开发的制剂代表对生物的适应，提高现有制剂的致命性，获得功能（GOF），还是代表制剂的发展，旨在启动反战略的研究，促进医疗对策，人工智能工具都有可能会加速或加剧造成新威胁。操纵生物体内改变病原体危险性的生物学机制从而诱导GOF特性是一项双重用途技术，国家安全从业人员需要更多地关注这些。在本节中，我们确定了AI和网络生物数据结合会带来的两种风险的情况。

间谍活动和反间谍措施

通过https://clinicaltrials.gov上公布的信息，基因测序设备供应商Z公司的员工能够得知，A大学和B大学正在从事开发致命病原体对策的研究，且都接受了Z公司的资助。A大学和B大学都使用了Z公司的测序设备。Z公司培养了一名经济困难的研究生，如果学生提供了访问A大学的数据，就会提供可观的补偿。Z公司的目的是收集所有A大学存储的数据，将其出售给B大学的买家，买家希望以此来提高研究速度，并将其出售给其他对反制措施感兴趣的行为者。Z公司向A大学提供网络研讨会，旨在帮助A大学为设备的年度预防性维护工作的顺利进行做准备。

某研究生是A大学实验室内建立和维护“网络研讨会”的联系人。该研究生可以访问云存储基础设施并上传软件，他允许Z公司向每个网络研讨会参与者发送恶意软件程序，融入学习算法的恶意软件程序将会变得有害，它可以去“学习”逃避过滤器。一旦这个恶意软件在A大学的系统中，它允许来自B大学和Z公司的买家访问所有生成和其存储云平台中的数据。B大学能够利用A大学的出版物，窃取出A大学的研究成果，获得进一步的赠款和合同，Z公司则能够通过暗网向其他各方出售额外的数据。

恶意入侵和有针对性的健康广告

一家办公室医疗管理公司渴望得到迅速发展，为了遵守美国医疗保险和医疗补助服务中心（Centers for Medicare and Medicaid Services）发起的电子医疗记录要求，寻找供应商将其所有数据全部转移到云平台。该小组选择了一个供应商，该供应商提供一套内置的自然语言处理选项来识别、转换和提取文本，以加快从纸质文档到电子数据的过渡。由于公司现有记录的特点，以及关于行政或账单信息与客户健康信息的分离不足，因此会同时上传和提取患者的健康数据和经济数据。同样，由于购买决定过于仓促，该公司不承认其信息将由分包商提取给第三方供应商，而第三方供应商的主要业务地点在一个以大规模实施网上欺诈而闻名的国家。

通过将病人的健康和个人信息结合起来，分包商能够针对办公室医疗的客户开展有针对性的长期钓鱼行动。利用患有重大疾病的患者个人信息和公司自己伪造的电子邮件地址，将精准医疗的欺诈性理赔发到易受影响的病人。如果病人作出反应，不法分子就可以验证这些敏感的医疗信息，骗病人进行付款，这可能会使患者的银行账户一洗而空，却很难追踪识别肇事者。

评估人工智能和网络生物安全威胁

我们怎么知道这种情况的威胁有多严重？1982年发表的《科森报告》（*Corson report*）中概述了一些方法，通过对其双重用途的关注，界定何时研究需要进入管制的“灰色地带”，例如通过进出口管制机制进行的研究。在科森报告内，召开会议的专家小组建议，大学研究的任何领域，无论是基础研究还是应用研究，都不应该有任何访问或通信的限制，除非它涉及的技术符合以下所有标准：（1）该技术发展迅速，从基础科学到应用时间短；（2）该技术具有确定直接的军事应用，或者它具有双重用途，涉及工艺或与生产有关的技术；（3）美国是唯一的技术信息来源，或者其他安全友好国家也有可能成为控制系统的来源[16]。

在《科森报告》发布后的38年里，随着研究和政治格局的变化，对上述条件进行了修改，比如DURC[17]委员会在2017年所做的修改。具有重大意义的是2011年关于GOF H5N1流感研究成果发表的争议[5]。这一争议源于出版物“功能研究关注的成果”，包括“与非空气传播的野生病毒相比，在雪貂中可通过空气传播H5N1甲型流感病毒”[18]。这项研究成为科学开源环境的一部分，这一事实引起了人们对国家或邪恶的非国家行为者将

生物制剂武器化的重要关切。基于这次争论的经验，《科森报告》将要点扩展为五个关键问题:

（1）直接误用这些信息是否会对公众健康和安全造成合理预期的风险，也就是说，提供的新科学信息是否可能被故意误用以威胁公众健康或安全?

（2）直接误用这些信息对公众健康和安全造成的风险是否符合预期，即这些信息是否指出了公共健康和/或安全准备方面的漏洞?

（3）是否有合理的预期，该信息可能被直接滥用，对农业、植物、动物、环境或材料构成威胁?

（4）如果已经确定了一种风险，在什么时间范围内（例如，近期、不久的将来、几年以后）该信息可能会对公共卫生和/或安全、农业、植物、动物、环境或材料构成威胁?

（5）如果信息“按现状”广泛传播，公众误解的潜在可能性是什么，也就是说，这种误解的影响可能是什么（例如，心理、社会、健康/饮食决策、经济、商业方面等）? [16]

这份报告指出，这些问题只涵盖了与生物安全和生物安全监管有关联的研究领域，会忽视“理论模型研究”的方面，其中包括“大数据和数据挖掘工具”和“通常出现在科学研究环境之外，通常受到生物安全和生物安全监督，通常由不熟悉生物安全指导方针的个人进行”[17]这两个方面。这正好是本文所关注的理论领域。

评估人工智能在网络生物安全领域的风险

人工智能是基础科学和应用学科（如密码学）的应用组合，其被认为是可能具有军事和非军事用途的工具。正如Hoadley和Lucas[19]在他们2018年的报告中所描述的那样，AI将在国防情报/监视/侦察、后勤、网络空间管理、指挥和控制、自动驾驶车辆、致命自动武器系统和战斗进化等领域呈现具有挑战性的应用。这些方法可以用来在数据采集和数据处理的建模改进方面创建优势，比如适应自然语言或图像处理的机器学习、机器视觉的神经网络、可以检测人工智能病毒的人工智能软件等。

无论是应用于数据采集、处理，还是建模问题，人工智能在技术使用的许多方面都可能成为一种潜在的危险工具。Yampolskiy认为，有八种情况构成了“使AI变危险的可能途径”。他认为使AI变危险的外部原因有三种：有目的的恶意行为，错误的行为，以及来自“未知来源的资源”的恶意。他还提出，当一个系统具有独立能力时，可能出现使AI变危险的内部原因。这些原因可能在部署前或部署后出现。

由于很难确定人工智能有什么特别的双重用途（这是科学研究的普遍情况），因此应对AI风险应该采取从人工智能的观点出发。人工智能（在短期或长期内）被用于恶意用途的方式可能多种多样，好比在数据定义上产生有害影响（例如，导弹制导）或者可以互相结合创造新式的危害。虽然大多数人工智能应用程序都不具备“转移危险”的潜力，但具有强化学习或自我改善组件功能的人工智能可能会从其数据中吸取以往不好的经验，这些数据的指向可能会带有不好的目的，因此，造成更大的潜在伤害。如前文所述，无论其是否具有人工智能，某些生物制剂（例如某些制剂和毒素）有关的数据“始终具有”双重用途担忧。将人工智能引入网络生物安全环境所带来的是，通过人工智能更快地识别DNA或RNA编码的遗传物质序列，可以更迅速地查明有害用途或增加杀伤力的可能性。

Murch说明了其中一些方面隐患：从保护高价值知识产权或敏感的个人健康信息，到确保关键医疗仪器和设备不受网络攻击，到维护基因组数据在“云”中共享的完整性，再到防止中断或接管农业系统，确保先进制造生产预计没有意想不到的后果，现在这些方面存在着需要注意的威胁和风险，这些威胁和风险可能会造成危机，并且这些危机可能难以克服和恢复[1]。

与其他研究领域一样，衡量人工智能在生物研究和开发中的影响，包括涉及生物安全的研究和开发，是一个风险评估问题。本文所回顾的工作可作为一种论据，指导人工智能相关网络生物安全风险评估工具的开发。结合Yampolskiy的“使AI变危险的可能途径”和关注双重用途研究的观点（DURC），我们建议以材料为中心的生物数据风险评估方法可以与人工智能风险评估方法相结合。

并不是所有的生物数据都涉及影响生物安全的制剂。然而，来自基因组研究、祖先数据库、个人健康保健信息、基因筛选库、生物制剂测序基因组数据库，以及CRISPR分析突变结果的数据可以结合在一起进行良性和恶意用途。同样，并非所有算法都会对个人构成风险，也并非所有机器学习方法都会得出对人类或生物系统安全不利的结论。然而，正如DURC委员会的成员所建议的那样，只关注“已知的”风险或“可解释的”方法可能会导致不可预见的风险，这可能会让科学界措手不及。在表1[20]中，我们将这些集合在一起，作为识别潜在风险交互的一种示例方式。

如DURC委员会所描述的那样，“以透明为基础的科学文化与保护国家安全的保密需求之间的紧张关系日益加剧……基于公开和透明原则的科学文化理想面临着持续的挑战。其中一个挑战是担心对手可能利用科学技术的进步带着恶意目的进行操作”[17]。生物数据的开放获取是科学能够迅速发展的一个重要原因。同样地，对AI代码、包和执行的开放访问也将促进AI发展到几乎无处不在的状态。

表1 对AI应用程序的风险分类

风险水平（对国家安全造成的风险）	数据	很容易解释		难以或无法完全解释	
		大数据分析	监督的机器学习	无监督的机器学习	前沿的神经网络方法
低	关于人类或生物系统的健康、行为数据。这些数据可能会对健康或福利造成一定威胁（不包括来自生物武器的数据）	将个人健康信息与支出和就业数据联系起来，为可能无效或危险的保健或医疗产品制作定向广告	经过训练的检测和分类算法，无论是有意的（不法分子）还是无意的（错误的数据标注），都会对扫描或X射线中的图像进行错误识别，导致假阴性或假阳性诊断	聚类算法被有意攻击，从而反馈出过高或过低的治疗效果估计	多态恶意软件用于渗透数据库，将对抗样本反馈给为疾病分类而建立的神经网络，从而导致假阴性或假阳性诊断
高	关于人类或生物系统的健康或行为数据，包括已知风险的病原体，这些病原体可能被用来制造包括生物武器在内的危害	将个人健康信息、公共健康监测信息、天气状况、供应链数据和人口统计数据联系起来，以确定防范程度较低或更容易遭受致命攻击的地区	使用专用算法来识别增强药剂致病性的局部条件	使用聚类算法识别编码未知致病性未知生物中特定毒素或蛋白质的基因簇	将对抗样本输入到分布式神经网络系统中，以训练对工程遗传序列进行错误分类算法，从而混淆创建有效的医学对策

关于作者

Sara R. Jordan IEEE会员，现任未来隐私论坛的人工智能政策顾问，弗吉尼亚理工大学公共和国际事务学院的附属教师。研究兴趣是数据共享的风险评估和治理，尤其是人工智能应用。联系方式：srjordan@vt.edu。

Samantha L. Fenn 现任弗吉尼亚州马纳萨斯的ATCC联邦选择代理计划的项目协调员。研究兴趣是将科学和公共政策结合起来，通过提出国家安全关注的威胁行为和滥用生物数据的可能性来保护生物经济。她还获得了弗吉尼亚理工大学的公共管理硕士学位。联系方式：slfenn@vt.edu。

Benjamin B. Shannon 现任美国联邦调查局的高级分析员，研究兴趣是本土的暴力极端分子，尤其是他们利用人力资本和情报资本犯罪的恐怖主义行为以及网络上的间谍行为的能力。他还获得了弗吉尼亚理工大学的公共管理硕士学位。联系方式：bshannonvt@gmail.com。

虽然这些对外开放的数据库与数据资料集对于科学操作至关重要，但是当这些提供详细方法以及材料用来创建死亡代理的数据库、代码，以及相关的出版物变得广泛可用时，这些应当与其他工作联合起来，以提高人们对增加双重用途潜力的认识。上述风险评估工具是人工智能网络生物安全朝着更有意识、更合乎伦理的方向发展的一个因素。

参考文献

[1] R. S. Murch, W. K. So, W. G. Buchholz, S. Raman, and J. Peccoud, “Cyberbiosecurity: An emerging new discipline to help safeguard the bioeconomy,” *Front. Bioeng. Biotechnol.*, vol. 6, pp. 1–6, Apr. 2018. doi: 10.3389/fbioe.2018.00039.

[2] S. E. Duncan et al., “Cyberbiosecurity: A new perspective on protecting U.S. food and agricultural system,” Front. Bioeng. *Biotechnol.*, vol. 7, p. 63, pp. 1–7 Mar. 2019. doi: 10.3389/fbioe.2019.00063.

[3] “Recommended data repositories,” *Nature*, 2019. [Online]. Available: https://www.nature.com/sdata/policies/repositories

[4] A. Baravalle, M. Sanchez Lopez, and S. W. Lee, “Mining the dark web: Drugs and fake IDs,” in *Proc. 2016 IEEE 16th Int. Conf. Data Mining Workshops (ICDMW)*, pp. 350–356. doi: 10.1109/ICDMW.2016.0056.

[5] D. B. Resnik, “H5N1 avian flu research and the ethics of knowledge,” *Hastings Center Rep.*, vol. 43, no. 2, pp. 22–33, 2013. doi: 10.1002/hast.143.

[6] A. Paschke, D. Dimancesco, T. Vian, J. C. Kohler, and G. Forte, “Increasing transparency and accountability in national pharmaceutical systems,” *Bull. World Health Org.*, vol. 96, no. 11, pp. 782–791, Nov. 1, 2018. doi: 10.2471/BLT.17.206516.

[7] D. B. Resnik, “Research ethics,” in *International Encyclopedia of Ethics*. Hoboken, NJ: Wiley, 2018, p. 3. doi: 10.1002/9781444367072.wbiee001.pub2

[8] Panel on Scientific Responsibility, *Responsible Science: Ensuring the Integrity of the Research Process*. Washington, D.C.: National Academies Press, 1992, p. 48.

[9] “Singapore statement on research integrity,” World Conference on Research Integrity, Singapore, Sept. 22, 2010. [Online]. Available: https://wcrif.org/guidance/singapore-statement

[10] “Code of ethics and professional conduct,” Association for Computing Machinery, New York, p. 3. [Online]. Available: https://www.acm.org/code-of-ethics

[11] L. Floridi and J. Cowls, “A unified framework of five principles for AI in society,” *Harvard Data Sci. Rev.*, 2019, vol. 1, no. 1. doi: 10.1162/99608f92.8cd550d1. [Online]. Available: https://hdsr.mitpress.mit.edu/pub/l0jsh9d1

[12] P. Gandhi, “Explainable artificial intelligence,” KDnuggets, Jan. 2019. [Online]. Available: https://www.kdnuggets.com/2019/01/explainable-ai.html

[13] Z. Obermeyer and E. J. Ezekiel, “Predicting the future: Big data, machine learning, and clinical medicine,” *New Engl. J. Med.*, vol. 375, no.13, pp. 1216–1219, 2016. doi: 10.1056/NEJMp1606181.

[14] S. R. Jordan, S. L. Fenn, and B. B. Shannon. Feb. 8, 2019, Interview with Edward You, unpublished.

[15] “Safeguarding the bioeconomy: Applications and implications of emerging science,” National Academy of Sciences, Washington,

D.C., July 27–28, 2015. [Online]. Available: https://www.ehidc.org/sites/default/files/resources/files/Safeguarding%20the%20Bioeconomy_II_Recap%20Final%20090815.pdf

[16] Institute of Medicine, National Academy of Sciences, and National Academy of Engineering, *Scientific Communication and National Security.* Washington, D.C.: National Academies Press, 1982. [Online]. Available: https://doi.org/10.17226/253

[17] Committee on Dual Use Research of Concern. *Dual Use Research of Concern in the Life Sciences: Current Issues and Controversies.* Washington, D.C.: National Academies Press, 2017, pp. 60–63.

[18] Board on Life Sciences; Division on Earth and Life Studies; Committee on Science, Technology, and Law; Policy and Global Affairs; Board on Health Sciences Policy; National Research Council; and Institute of Medicine. "3: Gain of-function research: Background and alternatives," in *Potential Risks and Benefits of Gain-of-Function Research: Summary of a Workshop.* Washington, D.C.: National Academies Press, Apr. 13, 2015. [Online]. Available: https://www.ncbi.nlm.nih.gov/books/NBK285579/

[19] D. S. Hoadley and N. J. Lucas, "Artificial intelligence and national security," Congressional Research Service, Washington, D.C., Rep. R45178. 2019. [Online]. Available: https://fas.org/sgp/crs/natsec/R45178.pdf

[20] R. V. Yampolskiy, "Taxonomy of pathways to dangerous artificial intelligence," in *Proc. 2nd Int. Workshop AI, Ethics and Society,* 2016. pp. 143–148. [Online]. Available: arXiv:1511.03246v2

（本文内容来自Computer, Technology Predictions, Oct 2020）

Computer

基于人工智能的糖尿病性视网膜病变患者转诊系统

文 | Gaspar González-Briceño，Cinvestav，Abraham Sánchez　哈利斯科州政府
Susana Ortega-Cisneros，Cinvestav，Mario Salvador García-Contreras
西方国家医疗中心
Germán Alonso Pinedo Diaz，Cinvestav，E.Ulises Moya-Sánchez
瓜达拉哈拉自治大学和哈利斯科州政府
译 | 程浩然

本文介绍了基于人工智能的糖尿病视网膜病性变筛查计划，该计划将在墨西哥的三家医院实施。详细介绍了该系统的临床集成步骤，并根据墨西哥指南测试了初步的卷积神经网络模型。

糖尿病（DM）是一种全球性健康问题，可能会损害心脏、血管、眼睛、肾脏和神经。糖尿病性视网膜病变（DR）是由糖尿病引起的高血糖导致的眼部疾病，可导致视力丧失甚至失明[1]。DR是拉丁美洲和墨西哥面临的最大的公共卫生挑战之一，该疾病的发生率为42%，而17%的患者需要立即治疗[2]。其疾病的高发病率与初级保健中眼保健服务的缺乏密切相关，因为某些视觉状况的评估仅适用于二级和三级保健水平[3]。因此，在基层医疗中实施DR筛查计划可促进早期发现并及时治疗患有这种疾病的患者。

视网膜底照片（RFP）被广泛用于DR筛查。可以由不同的医疗保健提供者来获取和分析它们，例如眼科医生、验光师、全科医生、筛查技术人员和临床摄影师。它们的敏感性介于64%和96%之间，其特异性介于68%和99%之间[4]。深卷积神经网络（CNN）用来辅助DR筛查，并且事实证明，它们是适用于多种任务的强大工具，主要适用于与眼睛有关的任务，例如光盘分割[5]、视网膜异常检测[6]、合理的DR分类[7]和血管分割[8]。最近由CNN模型辅助的程序显示，DR患者的RFP可以通过以下方法进行分类：对于参考DR的敏感性为90.3%，特异性为98.5%[9]。当考虑应用基于人工智能（AI）的筛查程序时，这些结果令人鼓舞，因为临床协会确定了其敏感性和特异性。DR筛查至少分别达到80%和95%，技术故障率低于5%[10]。诸如此类的AI系统为墨西哥初级保健中视网膜专家访问受限的问题提供了解决方案。

在这种情况下，哈利斯科州政府、国家理工学院的研究和高级研究中心，以及蒙特雷技术与高等教育学院和美洲开发银行合作，提出了一项为期三年的协议。该项目将在哈利斯科州的三家基层医疗医院中整合AI辅助的DR筛查。这项工作展示了在医疗保健中部署AI系统的最重要进展以及该项目期间的主要挑战、方法，以及解决方案和经验教训，尤其是根据美国国家医疗机构将三种CNN模型集成到了DR筛查临床流程中基于Inception v4的DR临床指南[11]。此外，CNN模型被用作基于U-Net的RFP预处理工具，以提高分类模型的性能。还提出了用于提高模型性能的各种技术，例如图像质量增强、数据增强正则化和迁移学习。由于缺乏用于监督学习的数据，因此收集了不同的公共资源[11~14]，并对本地数据集进行了分级和测试。

结果是使用公共数据时，这些模型的灵敏度范围为82%~89%，特异性为85%~92%。这些模型使用本地数据集时，性能会降低。根据这些结果，很明显，临床集成必须包括质量控制模块，并且必须通过迁移学习技术来收集更多数据来重新训练模型。

DR临床指南

国际眼科理事会（ICO）制定了糖尿病眼保健指南，以支持全世界的眼科医生和眼保健提供者。这些指南显示了DR的五个阶段，这些阶段表明疾病的进展程度：无明显的DR（R0）、轻度非增殖性DR（R1）、中度非增殖性DR（R2）、重度非增殖性DR（R3）和增殖性DR（R4）。表1中显示了DR级别的分类、特征和标签。根据ICO临床指南，当DR严重级别为R2或更差（如果患者显示糖尿病性黄斑水肿（ME））时，必须将DR患者转诊给眼科医生，或者RFP不可分级时，也称为参考DR。

在墨西哥，某些眼保健并未纳入主要的保健级别。但是，墨西哥社会保障研究所（IMSS）通过特殊说明可以将DR患者转诊到DR的控制和评估（初级保健医院）、DR诊断和基本的治疗（二级医院）以及DR外科手术和高级治疗（三级医院）三个级别的卫生保健医院，对ICO指南的一部分进行了修改。R0，R1和R2级别的患者被转诊至初级保健医院，而R3和R4级别的患者被转诊至二级医院。患有黄斑水肿、玻璃体出血和视网膜脱离（RD）的患者被转

表1 DR的国际分类

标签	DR级别	表现
R0	无 DR*,‡,§	无明显异常
R1	轻度非增殖性DR*,‡,§	微动脉瘤
R2	中度非增殖性DR*,‡,§	微动脉瘤和其他体征（例如出血、硬性渗出液和棉斑）的数量少于严重的非增生性DR
R3	重度非增殖性DR*,†,‡,§	中度非增生性DR，伴有出血（每象限>20），静脉串珠（在两个象限）和微血管异常（在一个象限）；没有增生性DR的迹象
R4	增殖性 DR*,†,§	严重的非增殖性DR和以下一项或两项：新血管形成和玻璃体出血（VH）

*: Kaggle images; †: IDRiD images; ‡: MESSIDOR images; §: IMSS images。

诊至三级医院[11]（图1）。初级保健医院没有执行RFP的适当设备和专家，因此在二级和三级医院可以解决DR患者的诊断问题。ICO和IMSS准则之间的区别是，在墨西哥，当DR严重级别为R3或更差时，将确定可引用的DR。因此，在开发和调整CNN模型时，考虑了IMSS指南中的流程图。在这种情况下，患者分层对于帮助区分医疗干预措施极为重要。

方法和数据

临床整合

DR筛查程序的开发必须考虑DR病人的筛查、诊断、治疗和随访。为了尽可能少地修改IMSS的当前DR患者流量，根据对初级保健医院的情况分析，提出并开发了一项筛查程序，希望能吸引更多的早期DR患者。部署要考虑的重要事项包括以下几点：

（1）医院选择。在确定在哪里实施试点筛查程序时，考虑了三个标准：第一个标准是医院必须靠近哈利斯科州瓜达拉哈拉的管理团队；第二个标准要求找到那些隶属于哈利斯科州卫生部长的医院，这些医院的糖尿病患者最多；第三个标准是基于从医院情况分析中提取的信息，这有助于了解医院与DR患者的护理有关的资源以及参与DR筛查流程的拟议人员的意愿和运营可行性。

（2）DR筛选流程。在三个医院进行了情境分析，目的是了解基层医疗医院用于治疗DR患者的资源和设施，并确定告知患者DR状况的筛查流程。该分析着重于了解可用的人员、基础设施、医疗设备、患者能力、指南和教育材料、资金以及转诊医院，以便在患者表现出较高水平的DR时进行DR诊断。

（3）人工智能集成。我们使用一种称为跨行业标准过程的敏捷数据科学方法进行数据挖掘，该方法提供了将AI集成到临床工作流程中的数据科学生命周期。此外，我们使用GitLab版本控制系统作为工具链来协调、集成、

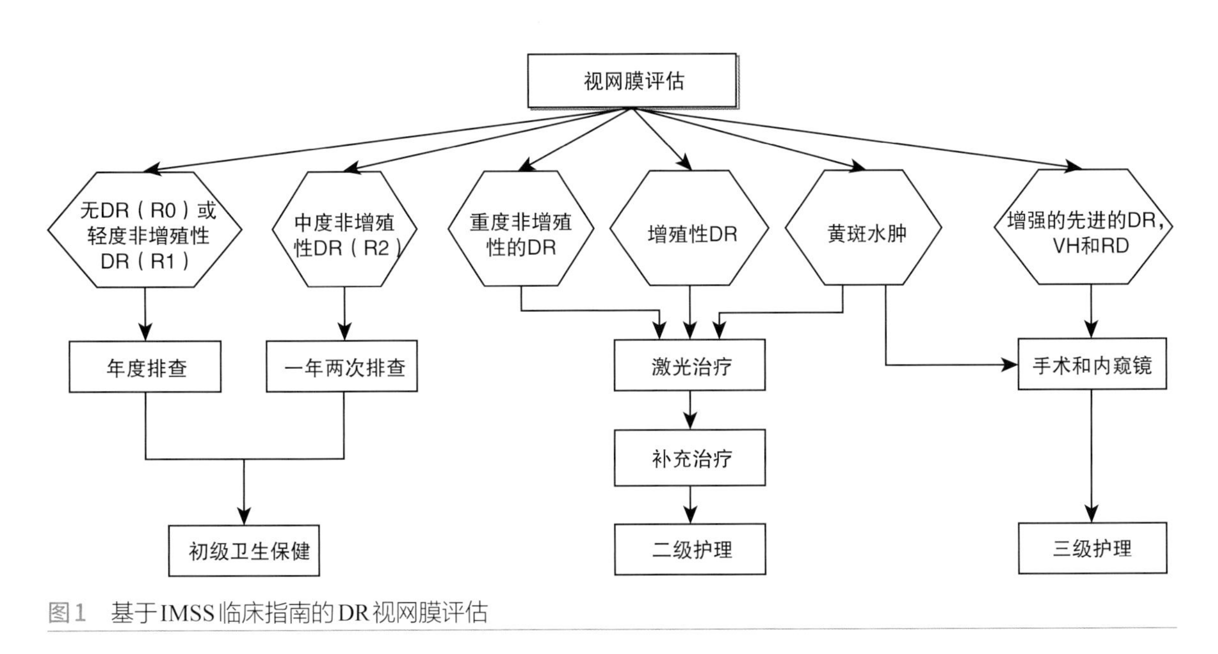

图1　基于IMSS临床指南的DR视网膜评估

管理和记录与集成相关的所有活动和代码。

数据集

创建CNN模型时，缺少分级数据是一个关键问题。为了解决这个问题，我们开始收集公共数据集，然后对本地数据集实施迁移学习。表2描述了用于训练、验证和测试每个数据集的RFP数量。

（1）公开数据集。有一些包含用于不同目的的RFP的公共存储库，例如Kaggle DR Detection[12]、印度DR映像数据集（IDRiD）[14]、评估眼科分割和索引技术的方法（MESSIDOR）[13]。每个公共数据集包含从R0到R4分级的不同RFP（表1）。为了训练、验证和测试本文提出的CNN模型，创建了三个平衡的数据集：

①d_1，考虑了等级{R0，R1，R2}与{R3，R4}的对比，并用于CNN参考模型（m_1）。

②d_2，考虑{R0，R1}对R2的等级，并用于CNN筛选时间表模型（m_2）。

③d_3，考虑了R3与R4的等级，并用于CNN治疗模型（m_3）（请参见图2）。

这些数据集已根据IMSS指南进行了分发。

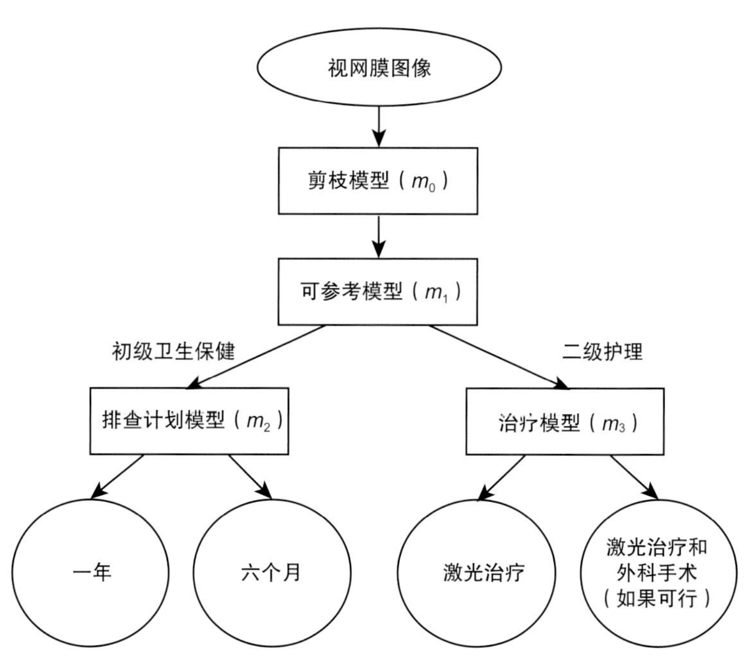

图2　根据图1所示的临床指南，提出的模型的工作流程

（2）本地数据集。开发了来自IMSS的本地数据集，以评估三个先前配置的CNN模型（m_1，m_2和m_3）。该数据集包含标有所有等级的RFP（表1），由眼科医生从同一机构确定。为测试模型而开发的三个平衡数据集是：

①d_4，其中考虑了等级{R0，R1，R2}对{R3，R4}。

②d_5，其中考虑了等级{R0，R1}对R2。

③d_6，它用R4去对比R3。

请参阅表2，这些数据集不是培训和验证过程的一部分。

CNN模型

本文提出了四种具有不同目的的CNN模型。m_0模型专门用于

表2　用于训练、验证和测试的数据集（d）的分布以及与之相关的模型（m）

数据集（d）	数据集（m）	训练	验证	测试
d_1	m_1	2,566	1,140	854
d_2	m_2	6,104	2,712	2,034
d_3	m_3	1,240	550	412
d_4	m_1	—	—	1,048
d_5	m_2	—	—	184
d_6	m_3	—	—	200

RFP处理，可参考模型m_1区分初级保健医院和二级医院（{R0，R1，R2}与{R3，R4}级）之间的DR患者，筛查时间表模型m_2将等级为{R0，R1}的图像与R2进行分类，以指示何时需要对患者进行重新筛查，治疗模型m_3将等级为R3和R4的图像进行分类，以确定患者是否需要治疗或手术。分类器模型（m_1，m_2和m_3）是根据IMSS的临床指南开发的，可将其应用于三个主要医院，并根据DR的等级为患者提供不同的指标（图2）。

（1）图像预处理模型（m_0）。之所以提出此模型，是因为RFP采用了不同的协议和相机，因此具有不同的大小。经验表明，图像预处理有助于使数据集均匀化，获得更好的分类任务性能，并减少诸如RFP的浅色背景之类的无关信息。U-Net架构[18]用于通过分段技术执行裁剪过程；然后应用尺寸为640×640×3的图像；最后，如图3所示，通过用零填充缺失的感兴趣区域（ROI）来生成正方形图像。批处理大小为1，具有学习的二进制交叉熵，损失函数使用0.0001的费率。

（2）分类CNN模型。利用来自数据集d_1，d_2和d_3的训练集对Inception v4体系结构19进行了修

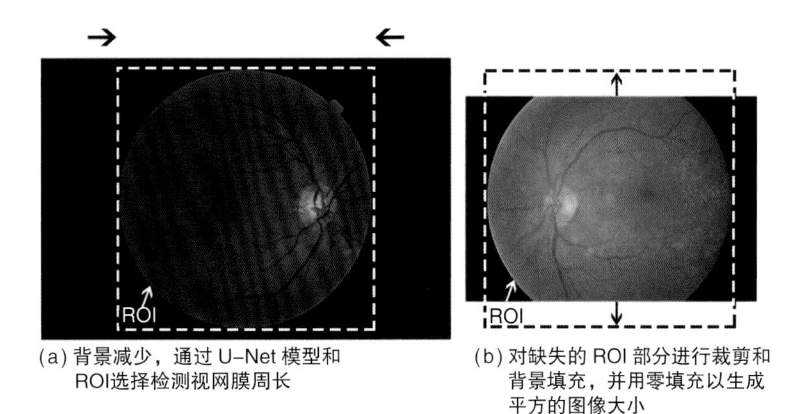

(a) 背景减少，通过 U-Net 模型和ROI选择检测视网膜周长

(b) 对缺失的 ROI 部分进行裁剪和背景填充，并用零填充以生成平方的图像大小

图3　RFP裁剪过程的示例（来源：Kaggle）

改，目的是创建三个初步的CNN模型（m_1，m_2和m_3）以用于筛选程序。为了提高这些模型的性能，并达到针对筛查程序确定的最低灵敏度和特异性，使用了以下三种策略：

①通过m_0进行图像预处理以提取视网膜的ROI。

②数据扩充，包括随机旋转（200）、20%重新缩放、20%缩放以及水平和垂直翻转。

③权重的初始化，通过加载Inception v4体系结构的ImageNet权重来执行。

合并以上这三种策略可以获得最大的性能。为了评估这些策略的影响，进行了实验并比较了其结果（表3）。所使用的超参数的批处理大小为16个150epochs，而Adam优化器的学习率为0.0001。输入层更改为640×640×3，并添加了一个额外的扁平化层以适应类的数量。请注意，此解决方案上的模型至少需要32GB的图形处理单元卡内存才能进行训练。最后，使用性能最高的模型（m_1，m_2和m_3）分别评估本地数据集d_4，d_5和d_6。但是，我们还探索了使用均衡（对比度受限的自适应直方图均衡（CLAHE））和具有总变化量（TV）的去噪技术来提高本地数据集的性能。

结果

临床整合

为了确定瓜达拉哈拉的糖尿病患者最多的医院，哈利斯科州透明与公共信息研究所要求提供两个数据集：第一部分包含在过去的五年中，哈利斯科州的所有

表3 不同数据集的测试准确性、测试损失、特异性和敏感性结果

D/M	T	测试准确性	测试损失	特异性、敏感性
d_1/m_1	N	0.68	0.0013	0.69,0.68
	C	0.5	1.19	0.5,0
	DA	0.818	6.02e-06	0.86,0.79
	W	0.8	1.192e-07	0.86,0.9
	F	0.903	1.19	0.89,0.92
d_2/m_2	N	0.5	1.19e-07	1,0
	C	0.5	1.19	1,0
	DA	0.5	16.1	0,1
	W	0.7979	0.0073	0.75,0.84
	F	0.84	1.14	0.80,0.88
d_3/m_3	N	0.73	0.0002	0.77,0.69
	C	0.759	1.19	0.77,0.75
	DA	0.75	0.0005	0.77,0.75
	W	0.8058	1.192e-07	0.74,0.87
	F	0.839	0.9	0.82,0.85

D: 数据; M: 型号; N: 未裁剪; C: 裁剪; DA: 数据扩充; W: 权重初始化; F: C + D + W。

医院中，有关新糖尿病病例的信息；第二部分包含了所有医院中接受控制和后续护理的糖尿病患者数量的信息。数据集分析显示，在过去五年中，医院JCSSA002410，JCSSA002451和JCSSA002446的糖尿病患者发病率最高。在2018年，每家医院平均新发和随访的糖尿病患者为3368名。

对三家医院进行的情况分析发现，DR患者的情况相似。糖尿病患者的随访基于IMSS指南。但是，由于三家医院缺乏DR筛查方法，因此提出了DR患者的注意工作流程，并与医院管理人员进行了评估。DR患者流程包括筛查程序中涉及的人员和/或工具所需的特定任务：

（1）首次工作人员联系：向糖尿病患者求助并告知其DR。向糖尿病患者提供知情同意书。

（2）员工获得RFP：已获得RFP。带有临床病例报告的通知患者接收测试结果的日期。

（3）按人员/工具收集图像：收集RFP并将其发送给平地机人员/工具。

（4）平地机人员/工具：RFP被分类。制作并验证了临床病例报告。

（5）临床报告收集者：收集临床病例报告并发送给转诊人员。

（6）转诊人员：向患者提供临床病例报告，并根据每个病例提供说明。

图4显示了筛查程序工作流程中人员/工具、眼科医生和AI系统之间的交互作用。该试点计划的CNN推荐模型的目的是减少专业评分者的工作量。因此，建议的AI流程包括一个计划/选择过程，该计划/选择过程会将R0和R1RFP的一部分直接发送给转介人员，因为将会有更多的RFP被归类为DR严重程度较低。

CNN模型

（1）剪枝：剪枝过程的预处理模型m_0获得0.002的损失，0.99的准确度，0.0033的确认损失以及0.99的确认准确度。使用来自Kaggle的15 000个RFP对该模型进行了测试，并且在裁剪和调整大小过程中只有13个非常低对比度的图像失败。图5显示了一个裁剪大小调整过程的示例。选择Kaggle数据集是因为其RPF具有多个质量级别，这与MESSIDOR和IDRiD数据集不同。

（2）分类CNN模型：表3列出了d_1，d_2和d_3范围内测试集评估的准确性、损失、特异性和敏感性。显然，权重初始化和数据扩充对性能的影响最大，而d_1/m_1的精度具有最佳的分类结果。与推荐的敏感性和特异性表现（分别为80%和95%）相比，与整个

测试集中模型的敏感性值相比，可参考模型的特异性值大于80%，低于95%。这些差异可以通过训练过程中使用的数据量减少来解释。逐步显示模型的性能，这表明一旦应用每个策略，结果就会增加。但是，某些值并不完全一致，因为在某些模型中该值被保留甚至减少。当前的技术水平正在解决这个问题。图6中的接收器工作特性（ROC）曲线显示了每种模型在敏感性和特异性之间的权衡，曲线下的面积（AUC）确认模型m_1具有最佳性能。模型m_2和m_3均达到90%以上的AUC。

通过图像质量增强来探索改善模型的性能。在图7中可以看到使用CLAHE和TV去噪的此过程的一个示例，而表4给出了使用最佳模型对本地数据集进行的评估。显然，三个模型中的两个模型，敏感性都得到了提高。图8(a)给出了使用具有正常图像质量的本地数据的ROC曲线和AUC，而图8(b)给出了使用具有更好图像质量的相同模型的ROC曲线和AUC。对于模型m_2和m_3，需要在敏感性和特异性之间进行权衡。这种糟糕的表现并不意外。实际上，目前正在开展工作以确认图像的数据标签，并找到更多的数据，以便通过更多的图像进行传输学习。

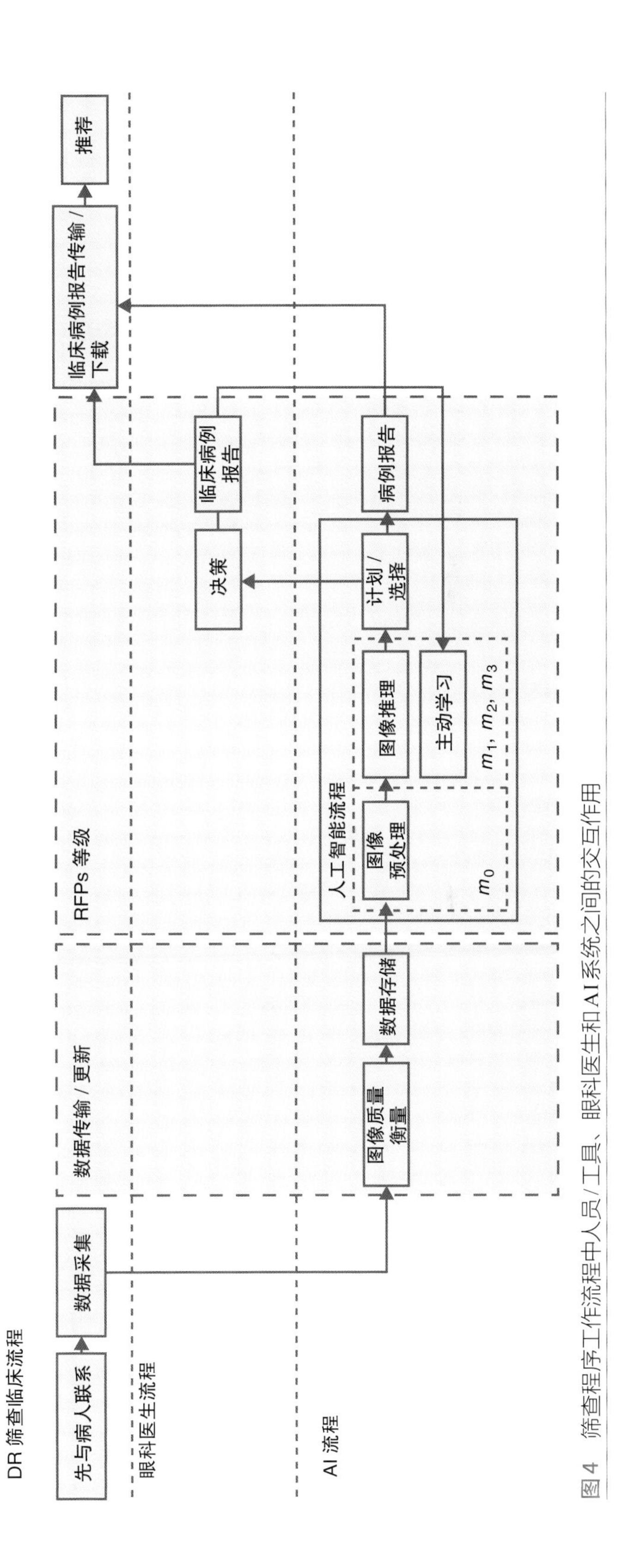

图4　筛查程序工作流程中人员/工具、眼科医生和AI系统之间的交互作用

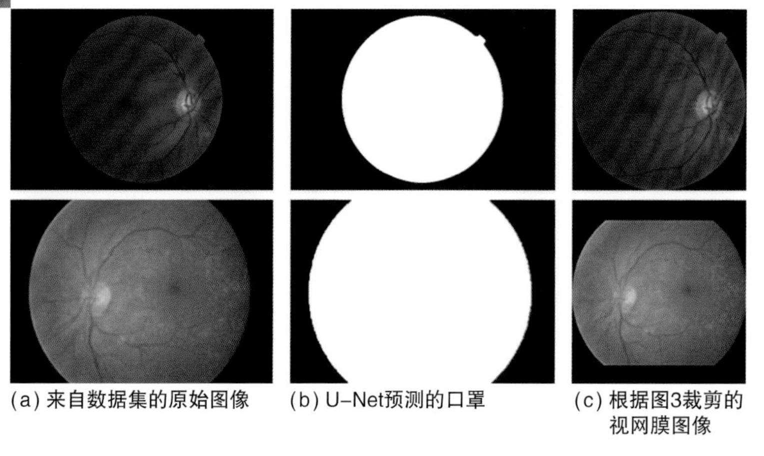

图5 U-Net预测和裁剪的示例（来源：Kaggle）

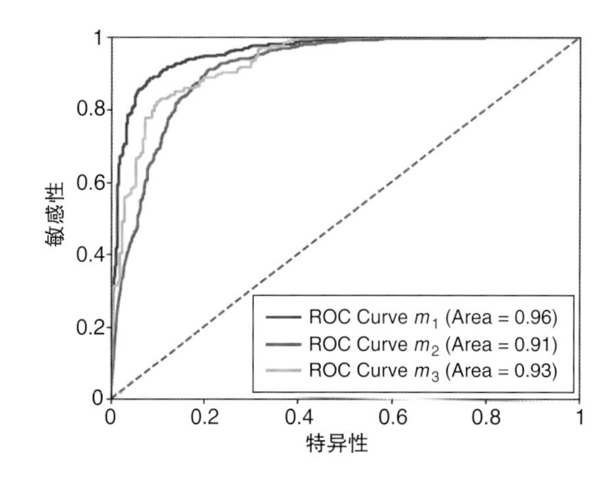

图6 最佳模型m_1/d_1，m_2/d_2和m_3/d_3的ROC评估曲线

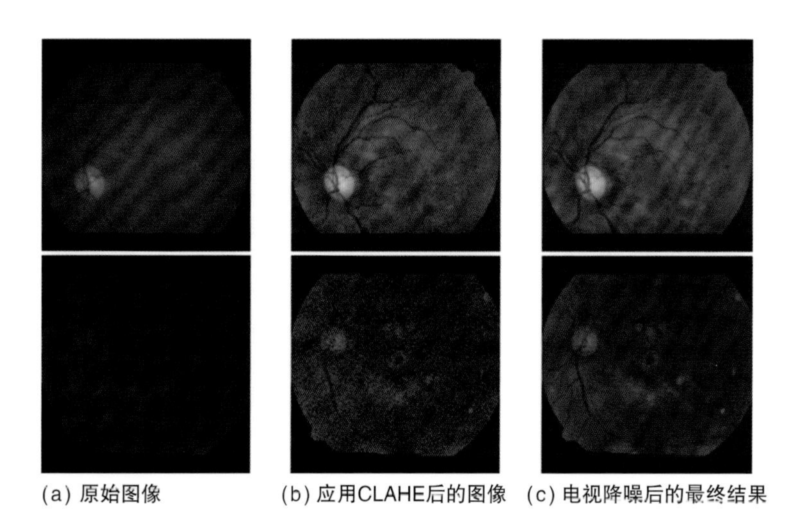

图7 来自IMSS数据集的两个RFP的图像增强，显示了应用于每个图像的过程（来源：IMSS数据集，经许可使用）

讨论

筛查程序已在全球范围内开发，目的是降低DR的患病率。一些在初级保健水平上达到糖尿病患者的水平，直接将他们转诊至次级水平，发现了24%的新DR病例[3]；其他计划在初级水平上使用经过培训的专业分级人员来检测和诊断请参考DR病例进行诊断测试。结果，DR引起的失明不再是视力丧失的主要原因[10]。此外，已经开发了使用AI等技术工具的新程序，从而为DR患者的转诊过程提供了便利[7,20]。

卫生保健协会已确定，DR筛查测试的最低灵敏度应为80%，特异性应为95%。10AI模型获得的值表明它们可以达到这些最低水平[9]。在本文中，建议的参考模型m_1达到89%的灵敏度和92%的特异性，不足以用作筛选试验。然而，这些值与数据量具有高度相关性，因此当前正在进行通过图像质量控制来获得大量数据以改善性能的工作。模型m_2和m_3的值不能与筛查测试进行比较，因为这些模型用于安排后续筛查（m_2）并将患者转介至治疗或手术（m_3）。本文中的推荐模型基于IMSS临床指南[11]，与其他指南相比，该指南不适用于中度DR水平（R2）[1]。

表4　IMSS数据集的测试准确性、测试损失、特异性和敏感性结果

D/M	测试准确性	测试损失	Q	特异性、敏感性
d_4/m_1	0.64	2.47	N	0.94,0.3
d_5/m_2	0.77	1.59	N	0.38,0.12
d_6/m_3	0.57	2.8	N	0.73,0.13
d_4/m_1	0.63	2.8	E	0.92,0.26
d_5/m_2	0.72	2.3	E	0.44,0.13
d_6/m_3	0.59	3.5	E	0.75,0.09

D：数据；M：型号；Q：数据质量；N：正常；E：增强。

然而，在这个案例中，在眼科医师的指导下，患者的转诊始终由眼科医生决定。

本文突显了高质量的临床筛查程序对于DR患者的早期发现和及时治疗的重要性[10]。因此，作者正在研究工具和人员规程以整合有效的程序。图4显示了正在考虑在瓜达拉哈拉的三家基层医疗医院中应用的流程。在此阶段提出的AI模型旨在通过调度程序来减少眼科医生的工作量。

预处理策略（裁剪大小）和正则化技术（数据扩充和权重初始化）被用于改善CNN模型的分类性能。表3逐步显示了这些模型的性能。U-Net体系结构[18]被用作ROI分割模型，目的是引入基于AI的预处理技术，这有助于提高分类模型的性能。

用于训练和验证的公共数据集（例如，Kaggle）具有大量的RFP[12]。但是，由于具有不同DR等级的图像不平衡，因此，作为平衡不同等级的图像的参考图像的数量很多。DR是包含（可用）图像最少数量的图像。本地数据集的RFP由一位眼科医生进行分级，这可能导致真相标签在60%~65%，这是用于实施该程序的图像时要考虑的重点。因此，正在考虑为RFP分级增加更多的眼科医生。

人工智能已经开始被纳入世界各地的政治议程。在哈利斯科州，正在开发一个为期三年的项目，以通过使用创新工具（例如CNN模型和高质量的临床筛查程序）来降低DR的影响。但是，必须考虑其他重要因素，例如监管政策，才能将AI系统确定为用于

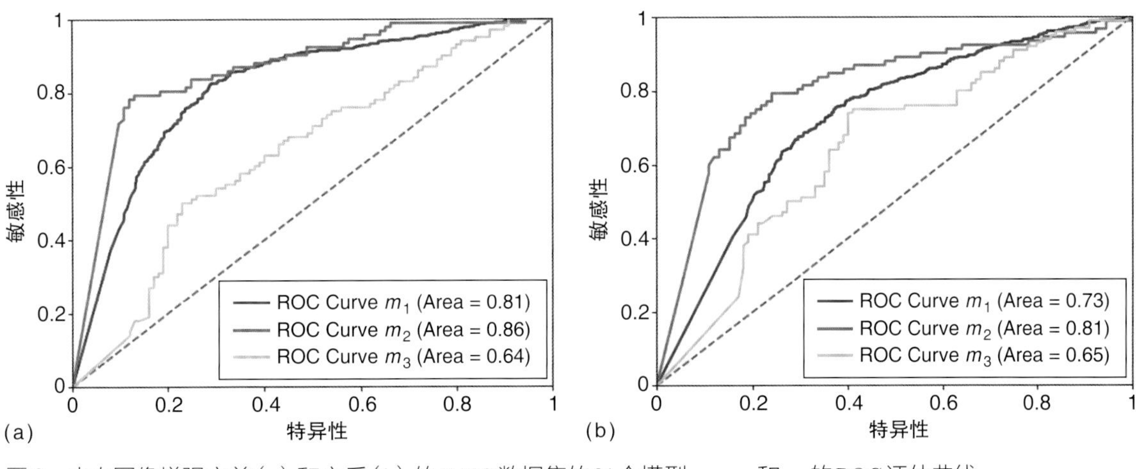

图8　来自图像增强之前（a）和之后（b）的IMSS数据集的21个模型m_1，m_2和m_3的ROC评估曲线

此目的的功能技术。我们希望这些CNN模型，再加上专用的设备和公共政策，将有助于在早期发现DR患者，以防止失明并减少Jalisco中DR的不良影响。

在本文中，介绍了将在哈利斯科州的三家初级卫生保健医院实施的基于AI的DR筛查程序。制定的患者流程图考虑了AI系统与确定DR患者病情所必需的人员/工具之间的相互作用。CNN模型可达到具有竞争力的灵敏性和特异性，可以通过获取更高质量的图像来提高。为了验证AI筛选并考虑该程序的技术、经济、人口统计和文化以及监管可行性，有必要进行进一步的研究。C

致谢

非常感谢哈利斯科州卫生秘书处提供的帮助。感谢西班牙国家科学与技术委员会（Consejo Nacional de Cienciay Tecnología），特别感谢加斯帕尔•冈萨雷斯（Gaspar Gonzalez）博士的财务支持。这项研究中使用的Messidor图片由Messidor计划合作伙伴（http://www.adcis.net/en/third-party/messidor/）友善提供。感谢Kaggle和IDRID公共数据集提供了用于研究目的的图像。Kaggle视网膜图像由EyePACS提供，EyePACS是免费的视网膜病变筛查平台（http://www.eyepacs.com/）。

参考文献

[1] "ICO guidelines for diabetic eye care," International Council of Ophthalmology, San Francisco, Jan. 2017. [Online]. Available: http://www

关于作者

González-Briceño 在墨西哥Cinvestav研究所电子工程部工作。研究兴趣包括医疗仪器设计、医疗设备的电气安全，以及医疗保健数据分析。Cinvestav研究所电子工程硕士学位。IEEE学生会员。联系方式：ggonzalezb@cinvestav.mx。

Abraham Sánchez 墨西哥哈利斯科州政府人工智能分析师。研究兴趣是卷积神经网络和高性能计算。瓜达拉哈拉自治大学计算机科学硕士学位。联系方式：abraham.sanchez@jalisco.gob.mx。

Susana Ortega-Cisneros 在墨西哥Cinvestav研究所电子工程部工作。研究兴趣包括数字控制、自定时同步、应用于生物医学的电子系统、嵌入式微处理器设计、数字电子学，以及现场可编程门阵列中的定制数字信号处理器。西班牙马德里自治大学计算机科学和电信博士学位。联系方式：sortega@gdl.cinvestav.mx。

Mario Salvador García-Contreras 在墨西哥瓜达拉哈拉国立医疗中心和墨西哥国立自治大学工作。2001年获得瓜达拉哈拉大学（Universidad de Guadalajara）博士学位。联系方式：drmariosgc@yahoo.com。

Germán Alonso Pinedo Diaz 正在攻读墨西哥Cinvestav研究所电子工程硕士学位。萨卡特卡斯自治大学理学学士学位。联系方式：gapinedo@gdl.cinvestav.mx。

E.Ulises Moya-Sánchez 墨西哥瓜达拉哈拉自治大学研究员，墨西哥哈利斯科州政府人工智能总监。墨西哥Cinvestav研究所博士学位。IEEE成员。联系方式：eduardo.moya@jalisco.gob.mx。

.icoph.org/downloads/ICOGuidelinesforDiabeticEyeCare.pdf
[2] O. Y. Bello-Chavolla and C. A. Agui- lar-Salinas, "Diabetes in Latin Amer- ica," in Diabetes Mellitus in *Developing Countries and Underserved Communities*, S. Dagogo-Jack, Ed. Cham, Switzerland: Springer-Verlag, 2017, pp. 101-126.
[3] M. V. Jiménez-Báez, H. Márquez-González, R. Bárcenas-Contreras, C. Morales-Montoya, and L. F. Espinosa-García, "Early diagnosis of dia- betic retinopathy in primary care," *Colombia Médica*, vol. 46, no. 1, pp. 14-18, 2015.
[4] D. S. W. Ting, G. C. M. Cheung, and T. Y. Wong, "Diabetic retinopathy: Global prevalence, major risk factors, screening practices and public health challenges: A review," *Clin. Exp. Ophthalmol.*, vol. 44, no. 4, pp. 260-277, 2016. doi: 10.1111/ceo.12696.
[5] A. Sevastopolsky, "Optic disc and cup segmentation methods for glau- coma detection with modification of U-Net convolutional neural net- work," *Pattern Recognit. Image Anal.*, vol. 27, no. 3, pp. 618-624, 2017. doi: 10.1134/S1054661817030269.
[6] Q. Li, S. Fan, and C. Chen, "An intelligent segmentation and diagnosis method for diabetic retinopathy based on improved U-Net network," *J. Med. Syst.*, vol. 43, no. 9, p. 304, Aug. 2019. doi: 10.1007/s10916-019-1432-0.
[7] R. Pires, S. Avila, J. Wainer, E. Valle, M. D. Abramoff, and A. Rocha, "A data- driven approach to referable diabeticretinopathy detection," *Artif. Intell. Med.*, vol. 96, pp. 93-106, May 2019. doi: 10.1016/j.artmed.2019.03.009.
[8] J. Son, S. J. Park, and K.-H. Jung, Retinal vessel segmentation in fundoscopic images with generative adversarial networks. 2017. [Online]. Available: arXiv:1706.09318
[9] V. Gulshan et al., "Development and validation of a deep learning algorithm for detection of diabetic retinopathy in retinal fundus photographs," *JAMA*, vol. 316, no. 22, pp. 2402-2410, 2016. doi: 10.1001/jama.2016.17216.
[10] P. H. Scanlon, "The English National Screening Programme for Diabetic Retinopathy 2003-2016," *Acta Diabetologica*, vol. 54, no. 6,pp. 515-525, 2017. doi: 10.1007/ s00592-017-0974-1.
[11] "Diagnóstico y tratamiento de retinopatpia diabética, Guía de práctica clínica," 1st ed., IMSS, Ciudad de México, 2009. [Online]. Available: http://www.cenetec.salud.gob.mx/descargas/gpc/CatalogoMaestro/171_GPC_RETINOPATIA_DIABETICA/Imss_171ER.pdf
[12] "EyePACS, Diabetic Retinopathy Detection competition," Kaggle, 2015. Accessed on: Sept. 4, 2019. [Online]. Avail- able: https://www.kaggle.com/c/ diabetic-retinopathy-detection/
[13] E. Decencière et al., "Feedback on apublicly distributed image database: The Messidor database," *Image Anal. Stereol.*, vol. 33, no. 3, pp. 231-234, Aug. 2014. doi: 10.5566/ ias.1155. [Online]. Available: http:// www.ias-iss.org/ojs/IAS/article/ view/1155
[14] E. Clinic, "Diabetic retinopathy segmentation and grading challenge," IDRD, 2012. Accessed on: Sept. 4, 2019. [Online]. Available:https://idrid.grand-challenge.org/ Data/
[15] F. Bertini, G. Bergami, D. Montesi, G. Veronese, G. Marchesini, and P. Pandolfi, "Predicting frailty condition in elderly using multi- dimensional socioclinical databases," *Proc. IEEE*, vol. 106, no. 4, pp. 723-737, 2018. doi: 10.1109/JPROC.2018.2791463.
[16] C. P. Ames et al., "Artificial intelligence based hierarchical clustering of patient types and intervention categories in adult spinal deformity surgery: Towards a new classifica- tion scheme that predicts quality and value," *Spine*, vol. 44, no. 13,pp. 915-926, 2019. doi: 10.1097/BRS.0000000000002974.
[17] M. Takaoka, A. Igarashi, A. Fut-ami, and N. Yamamoto-Mitani, "Management of constipation in long-term care hospitals and its ward manager and organization factors," *BMC Nurs.*, vol. 19, no. 1, p. 5, 2020. doi: 10.1186/ s12912-020-0398-z.
[18] O. Ronneberger, P. Fischer, and T. Brox, "U-Net: Convolutional networks for biomedical image segmentation," in *Proc. Int. Conf. Medical Image Computing and Com-puter-Assisted Intervention*, 2015, pp. 234-241.
[19] C. Szegedy, S. Ioffe, and V. Van-houcke, Inception-v4, Inception-ResNet and the impact of residual connections on learning. *CoRR*, 2016. [Online]. Available: https:arXiv:1602.07261
[20] D. S. W. Ting et al., "Development and validation of a deep learning system for diabetic retinopathy and related eye diseases using retinal images from multi- ethnic populations with diabetes," *JAMA*, vol. 318, no. 22, pp. 2211-2223, Dec. 2017. doi: 10.1001/jama.2017.18152.

（本文内容来自Computer, Technology Predictions, Oct 2020）

Computer

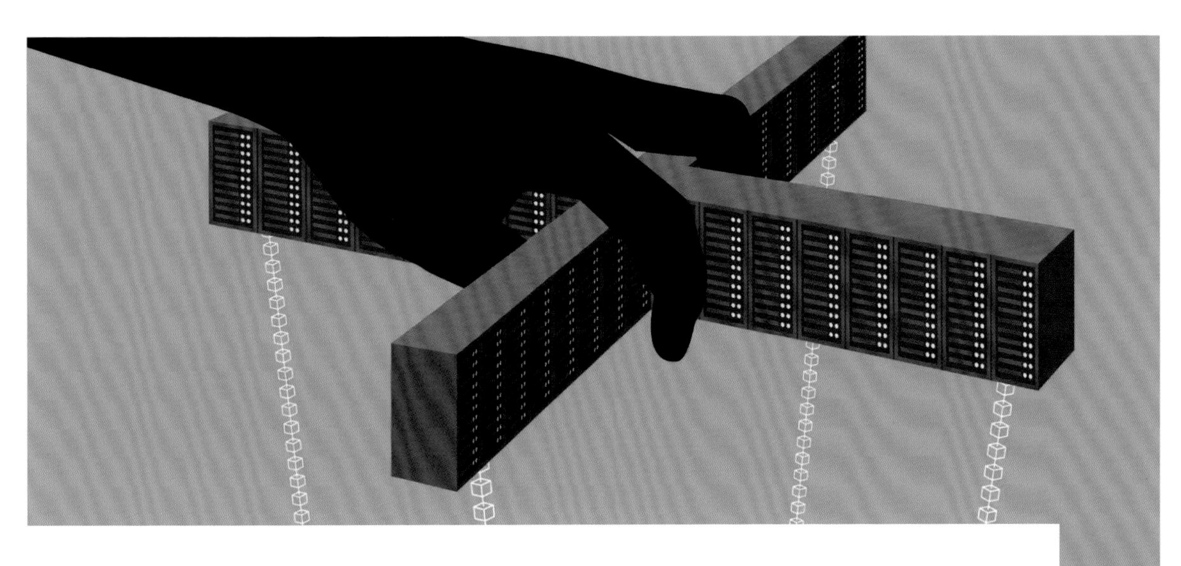

信息物理系统的区块链和雾计算：以智慧产业为例

文 | Ouns Bouachir　扎耶德大学
Moayad Aloqaily　艾恩科技大学
Lewis Tesng　博士顿学院
Azzedine Boukerche　渥太华大学
译 | 涂宇鸽

区块链和雾计算被评估为对软件和各种关键应用的潜在支持。文介绍了改善信息物理系统所需的区块链和雾计算知识，并讨论了新出现的挑战和问题。

电子和无线通信的新进步开发出了可使用和管理数据收集交换的微型设备，从而改变了物联网（Internet of Things, IoT）。这些优势使小型、低成本、低功耗的多功能感测平台得以扩展，这些平台能够监视并传达交通、医疗保健、工业等各个部门的各种信息。

现今，IoT 方法与基于算法的机器学习（machine learning, ML）和人工智能（artificial intelligence, AI）相结合，以提取对其他物理设备有价值的信息，同时创建一个包含物理和网络部分的信息物理系统（cyberphysical system, CPS），两部分由通信网络连接。物理部分主要由传感器和执行器组成，用于收集数据并根据收集到的信息执行任务。然后，收集到的数据经通信网络被发送到网络部分，网络部分使用基于高级算法的 ML 和 AI 对数据进行存储和处理，以提取有价值的信息，并将其转化为可供物理部分执行的操作。该系统与工业界和其他领域（如医学和医疗保健）高度相关。

目前，CPS被应用于多种行业，包括制造（工业4.0）、物流、石油/天然气、运输、能源/服务、采矿、冶金、航空。多种传感器也被应用于制造和构建工业信息物理系统（industrial CPSs, ICPS），这些系统将会改变工业的运作方式[1]。ICPS可以创建自主的自助服务/修复机，并通过 ML 加强库存管理。基于工业物联网（Industrial IoT, IIoT），ICPS 可以共享交易数据，并通过网络将其发送到云服务器进行分析和存储，以备需要。由于与 IIoT 相连接的设备快速增长、日益多样，传统的集中式网络架构必须解决新的服务要求和挑战，有效识别和提供大量有关安全性、完整性、隐私性和其他方面的数据。

雾/边缘计算已用于解决这些挑战，其在分布式基础结构中物理上靠近数据源的位置存储和处理数据，从而实现更好的服务质量（quality of service, QoS）和体验质量（quality of experience, QoE）[2,3]。区块链可以提供安全可靠的系统来存储和处理数据，是补充 IIoT 系统的另一种方法[4,5]。

本文拟建一种基于区块链和雾/边缘方法的ICPS，以克服安全性、QoS、数据存储方面的挑战。本文亦讨论了拟建系统的优势和挑战及潜在未来研究领域。

ICPSs

本节将介绍ICPSs并详细说明挑战所在。

概述

伴随着几大制造业的革新（如传感器和执行器），人们可以通过监视性能质量来显著改善工业实践。ICPS基于连接机器和工业实体（如车辆和发电机）的IIoT设备，可以对数据进行收集、交换、存储、分析，交流有价值的信息和见解，从而做出快速准确的决策。因此，它提高了工业过程的性能和生产率[6,7]。

ICPS将这些智能物理机的功能与实时数据分析相结合，以实现更高的系统效率和更快的反应速度，从而带来诸多效益，如省时省投入、改善质控和能源管理、监控资产、预测性维护、减少浪费等。组合了多种领域（包括IIoT、机器人技术、AI、ML、通信）的智慧产业（图1）具有更高的效率、精度和准确性。它还会对雇员的安全和健康有所影响。

挑战

典型的物联网和物联网应用通过无线传感器网络通信收集数

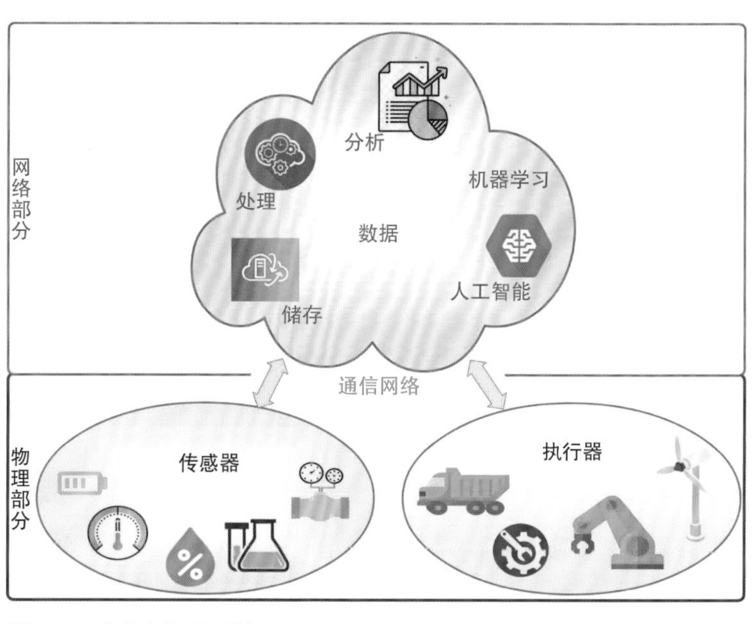

图1　工业信息物理系统

据，并将其传输到存储中心进行处理、分析、存储。这些应用已部署在许多异构设备中，它们通过网络连续生成、交换、使用数据，从而大大增加了生成的数据数。IIoT的主要要求是实时捕获准确的数据，提供快速相关的响应，提供所需性能[1,6]。IIoT遭遇的主要挑战如下:

（1）数据存储和处理：IIoT设备配备了具有最小计算能力和小存储容量的传感器。收集的数据在远程云端中被发送、存储、处理。对于大多数物联网解决方案中使用的当前集中式云端模式而言，扩展大量设备并快速处理大量生成的数据都是棘手的问题。新的解决方案需要充足高效的计算能力，才能利用先进的分析工具和机制来处理存储大量数据、执行大量应用。现有的集中式云端模式不能有效满足许多新的和将来的服务要求，例如系统可用性和效率、延迟、可扩展网络中的安全性等。

（2）QoS：IIoT应用涉及各种类型的数据，包括应急响应、实时视频监控、计算机视觉、自动驾驶，所有这些都具有随时间变化的QoS要求，如延迟、吞吐量、可靠性。IIoT必须能够适应这些变化并为每个设备提供所需的服务。

（3）安全和隐私：在IIoT应用中，交换的网络信息可能是机密、敏感、需要保护、只提供对数据的受限受控访问的。大多数物联网设备十分脆弱，因为它们的安全功能有限，黑客能够较为容易地通过访问存储信息或将不正确的数据发送到云端来进行攻击。保护IIoT系统至关重要，在网络和存储系统级别上均应对此加以保证。

区块链与雾/边缘计算

一般而言，区块链是一种分布式的防篡改账本，它不依赖于集中式机构来建立信任，而是具有用于分布式信任管理的核心层机制[8]。区块链机制确保系统可以防止篡改，因为竞争对手无法说服正确的参与者切换到区块链的不正确分支。这也是区块链直观建立去中心化信任的方式。

区块链适用于IIoT应用，因为它为CPSs的运行采用了去中心化、容错、不变性、可审计性等因素[9,10]。由于区块链不是专门为物联网应用设计的，因此我们需要解决一些挑战，如共识机制的能耗、验证通信的复杂性、存储成本以及交易速度/吞吐量等[11,12]。我们将在“基于ICPS的区块链”一节中更详细地讨论这些内容。

雾和边缘计算是较新的数据存储架构，可以将某些子进程从集中式系统迁移到分布式系统[2,3]。随着连接设备的数量不断增加，要由云端处理的交换数量也相应增加。此外，某些应用对延迟敏感，它们需要快速的响应，特别是在数据传输和处理方面，因为延迟可能会导致严重的问题。因此，必须增加云网络的容量。边缘/雾计算通过向设备提供更多的存储、计算、智能资源，以及管理海量数据和快速分析能力等优势，实现了更好的QoS和QoE。表1总结了这两种方法之间的差异。

雾计算被认为是定义如何使用边缘计算促进和增强计算存储操作的标准。

表1 云计算与雾/边缘计算比较			
	云计算	雾计算	边缘计算
地理分布	集中	分散	分散
服务位置	在互联网内	在网络边缘	在网络边缘
与终端设备的距离	多跳式(远程)	单或少跳式(近程)	单或少跳式(近程)
服务器节点数	少	较多	设备内本地存储
通讯系统	IP 网络	无线局域网, 3G, 4G, IP	无, 无线局域网
延迟	高	低	低
存储能力	高	很高(多个)	低

如表1所示，雾/边缘计算似乎非常相似，这归因于几个关键因素。两者都将数据存储、处理和分析放在数据生成器(如传感器和电机)附近的位置。通过边缘计算，数据或在设备或传感器上进行本地存储和处理而无需传输，或在距离传感器最近的网关设备上进行而无需考虑使其保持离散的集成方面。由于小型设备的处理能力和存储能力有限，该系统很快就将不堪重负。借助雾计算，我们可以通过连接到局域网(LAN)或局域网硬件本身的雾节点(服务器)处理数据，并且可以实时高效地处理从多个设备收集的数据。鉴于雾计算被认为是定义如何使用边缘计算促进和增强计算存储操作的标准，雾和边缘计算可以结合使用。

雾计算涉及一组被称为雾节点的高性能物理机器，这些机器在分布式基础结构中连接在一起，并被视为单个逻辑实体。雾节点位于网络的边缘，靠近数据源，并且可以在本地收集、分析、处理数据。这样可以显著减少核心流量，加快数据服务的处理速度。这些节点还可以在必要时与云端交互以进行长期存储。

雾计算可以被看作是分层服务结构中呈现的云计算范例的扩展，如图2所示。它可以为IoT应用提供更多本地实时监控和优化，而云则可以提供全球优化和其他高级服务。

雾架构由以下三层组成:

(1)终端设备层：包括管理

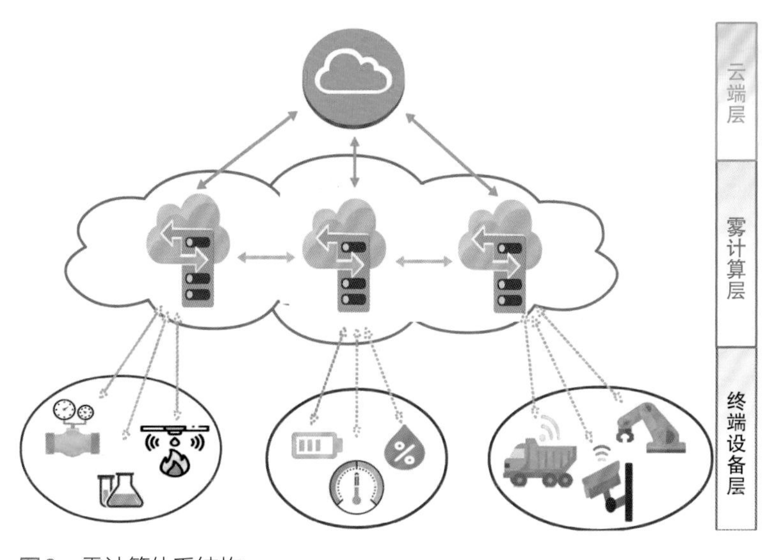

图2 雾计算体系结构

数据生成的IoT终端用户设备，终端设备层的主要任务是感知周围的对象和事件，并将数据转发到上层进行存储和处理。

（2）雾计算层：这一中间层具有大量的雾节点（如服务器、路由器、交换机），它们广泛分布于网络的边缘。所有这些设备都链接在一起并进行协作，以存储、计算、交换感测数据。雾节点和终端设备层之间的连接是通过无线技术（如Wi-Fi、4G、蓝牙）进行的，每个节点都通过Internet协议（Internet Protocol, IP）网络连接到云端。雾节点分析并存储接收到的数据，仅将那些它们认为有价值的数据发送到云服务器以进行存储或后续处理。

（3）云端层：该层具有强大的存储和计算功能，可进行大量的计算分析并永久存储大量数据。为了达到最高效率，并非所有计算和存储任务都经过云端层。

如何提高ICPS性能

克服ICPS挑战、提供高系统效率的最佳方法是创建一个包括IIoT系统的现代技术和范式的生态系统。想要解决诸如边缘和雾计算机制等数据存储和QoS问题，分布式数据存储和管理是一个有前途的方案。区块链也是一种可能的弥补措施，可以与这些分布式系统一起使用，以增强安全性和私密性。这些范式的结合使ICPS能够克服挑战并达到更高的系统性能。随之而来的是这一结合的优势和挑战。

基于ICPS的区块链

区块链是一个很有潜力的概念，它会使IIoT系统[4,13,14]受益，因为它可以提供更安全和可靠的数据系统（请参阅“安全和隐私”部分）。

在IIoT系统中部署区块链具有多个优势，包括:

- 基于密码设计的安全性。
- 稳定不变的数据结构。
- 经过系统认证的事物或数据。
- 事务（或块）的总排序。
- 分布式（无单点故障）和对等（peer-to-peer, P2P）交互。
- 使用了分布式共识和Gossip协议，因此具有容错能力。

典型的区块链设置需要功能强大的机器来支持繁重的加密基元和通信，这对于IIoT是不可行的。此外，IIoT应用利用不同类型的设备（如异构性）。如果我们在异构设备上应用相同的区块链设计，其可靠性和性能属性将有所不同。传统的区块链，尤其是共识协议，可能需要来自ICPS小型设备的昂贵资源。例如，许多工作量证明（proof of work, PoW）和持有量证明（proof of stake, PoS）协议都使用具有高能耗的加密散列函数，而基于拜占庭容错（Byzantine fault tolerance, BFT）的协议（例如，实用BFT）会导致消息复杂性高。幸运的是，最近提出的几个区块链可以与ICPS一起使用，例如等离子链或多链，它们拥有比传统区块链更好的隐私性和可扩展性。

将区块链用于IIoT的主要挑战在于，其设计与具有有限计算、通信、存储功能的异构小型设备不兼容[15]。

（1）资源：大多数物联网设备电池、计算、存储功能有限，不足以优化成本和大小，而大多数流行的区块链则需要功能强大的机器来支持繁重的加密基元和计算，以实现协调和提供安全性。例如，比特币（Bitcoin）使用PoW，以太坊（Etherum）采用PoS，而超级账本（Hyperledger）则使用实用拜占庭容错（PBFT）和Raft算法。以上都是非常昂贵的协议，需要$O(N^2)$的通信复杂度，其中N是节点数。另外，这些协议中的每一个都要求所有节点存储整个区块链副本，这会占用大量存储空间。此外，它们需要使用公钥加密技术来确保安全性，这是另一项昂贵的操作。因此，很难将朴素区块链功能应用于IIoT应用。

（2）异构性：大多数区块链协议都是基于P2P设计的，即每个节点具有类似的责任，具有相同的功能。尽管这种P2P设计在大多数情况下（如金融网络）很有用，但由于成本限制，它不适用于IIoT设备，因为许多设备易受攻击，不能强求它们执行推送数据到其他设备以外的任何操作。此外，Gossip协议并不是传播重要消息最有效的方法，因为IIoT设备可能处于睡眠模式（以节省能源），从而降低效率。最后一个问题是，IIoT场景、设备或节点可能会四处移动，从而使网络动态化。典型的区块链在动态网络中表现不佳。

基于ICPS的边缘/雾计算

由于连接到IIoT的设备快速增长、日益多样（参见“数据存储和操作”部分），集中式传统网络架构正面临着满足当前和未来服务需求的新挑战（参见“QoS”部分）。雾/边缘计算已被引入物联网系统，以应对这些挑战并改善QoS和QoE[6,16]。

基于IIoT的雾计算系统具有以下优点：

（1）拥有足够的计算能力来存储处理大量数据，运行适用于可扩展网络的大量应用。

（2）能够通过位于网络不同区域中靠近IIoT设备的许多雾节点来实现更高的延迟效率，从而以最小延迟提供快速、高质量的本地化服务，满足对延迟敏感的应用的需求。

（3）系统性能，任务分布在多个高性能雾级别的实体内。

（4）分布式雾系统连接和协作所有雾节点，部分雾节点发生故障，系统仍能维持正常服务，因此具有更好的网络灵活性和可用性。

（5）最优数据流量和网络核心消耗，同一方向（到同一云服务器）的重传次数因网络的不同区域有许多接收者而减少。

尽管雾/边缘计算为IIoT系统提供了许多优势，但在设计基于雾/边缘的IIoT系统时也要考虑一些挑战，例如使用的雾节点的异构性。实际上，可以使用异构计算节点来使雾系统操纵各种数据库[17]。但这不应影响雾节点与IIoT设备（雾对雾、雾对设备）之间的应用和通信性能，后者在任何时间和任何地点都应当处于最佳状态。此外，保护已收集的数据是雾系统的另一个重要挑战。为了提供更佳雾系统性能，应考虑以下三个重要问题：

（1）信任用作数据管理实体的多个节点的最佳方法是什么？

（2）如何保证多层处理系统中数据的完整性？

（3）如何保护存储的数据并避免恶意攻击？

回答这些问题需要先解决以下问题：

（1）身份验证和数据完整性：雾系统由几个节点组成，这些节点联系了多层内的各个实体（例如雾对雾、雾对云、雾到IIoT设备）。雾架构必须确保异构设备之间的安全协作和不可解性。在这种系统中，身份验证可能具有挑战性，因为它与云范式中独特的中央身份验证服务器不同，是由节点进行通信并为各种异构雾设备提供服务的。同样，数据完整性也很重要，因为数据是由多个雾和云设备处理的，必须安全而不更改地分发数据。

（2）恶意攻击：雾节点位于IIoT设备附近，那里的保护和监视相对薄弱，这使系统容易受到云计算不会发生的各种恶意攻击，例如拒绝服务（denial-of-service,

DOS）和中间人攻击。

①DOS：当攻击者反复请求雾节点的无限处理和存储服务，从而阻止对该层的访问时，会发生这种情况。这可能在各种级别上发生，包括在终端设备上，攻击者可以在该级别上对IIoT设备的进行IP地址欺骗并发送多个虚假请求。攻击者还可能通过阻塞无线通道来禁用与雾架构的通信。

②中间人：当入侵者中断或感知雾节点之间的通信并替换了雾设备时，会发生这种类型的攻击。

雾节点和IIoT设备之间的顺畅通信需要高效、安全地部署雾架构，这仍然是一个悬而未决的问题，因为与雾计算这样开放的分布式基础结构相比，现有的安全策略更适合集中式系统。尽管以分布式（如使用雾系统）管理数据库解决了诸如延迟之类的问题，但它也导致了身份验证和信任数据管理实体相关的其他潜在问题。区块链是应对此类需求最有意思的解决方案之一。

基于ICPS的雾/边缘和区块链

优势

为了提高IIoT性能，应对前文提到的挑战，我们提出了一种基于区块链和雾计算的生态系统，平衡两者的优势。为IIoT网络部署区块链可提供边缘/雾单元的分布特征，同时保持安全性、信任度、隐私性，有助于解决与IIoT模式有关的安全性和可靠性问题。表2总结了每个范例与ICPS结合使用的优势和挑战，显示了区块链提供的主要优势（安全性、隐私性、信任度）是基于ICPS的雾/边缘计算所面临的主要问题，而雾/边缘系统（存储和计算能力）提供的主要优势是基于ICPS的区块链面临的挑战。因此，将这两种方法结合起来可以通过混合所有优势来改善系统性能，从而实现平衡。

将区块链与IIoT系统结合的主张提出了交互的位置及雾计算对其促进作用的重要问题。雾计算的分布式资源有可能位于会发生IIoT协议挖掘的位置，这意味着区块链可以由雾和云节点托管，如图3所示。

在我们的设计中，IIoT设备请求进行事务处理，然后将其元数据集成到一个块中。该区块经验证后被添加到集成的区块链中。最后，在将交易存储在云端层上之后，交易就完成了。安全性和数据完整性来自存储在区块链上的经过验证的交易元数据。例如，如果交易被篡改过，它就不会通过验证，因为元数据（如交易的散列值）不匹配。我们可以通过使用经过适当设计的元数据，来解决通用数据保护法规（General Data Protection Regulation，GDPR）合规性之类的隐私问题。例如，只要元数据不显示信息，就可以从云端中删除该交易。我们的系统还将提供与GDPR兼容的隐私性。雾节点的计算和存储功能可确保QoS和可扩展性。

基于生态系统的区块链和边

表2　基于ICPS的区块链和基于ICPS的雾计算比较

	优势	挑战
CPS	更好的系统性能 高度的自由性 高效的数据利用	数据存储与操作 QoS和可扩展性 安全，隐私和信任度 异质性
基于ICPS的区块链	安全 隐私与信任度	可扩展性 数据存储与操作
基于ICPS的云计算	QoS和可扩展性 数据存储于操作	隐私与信任度 异质性

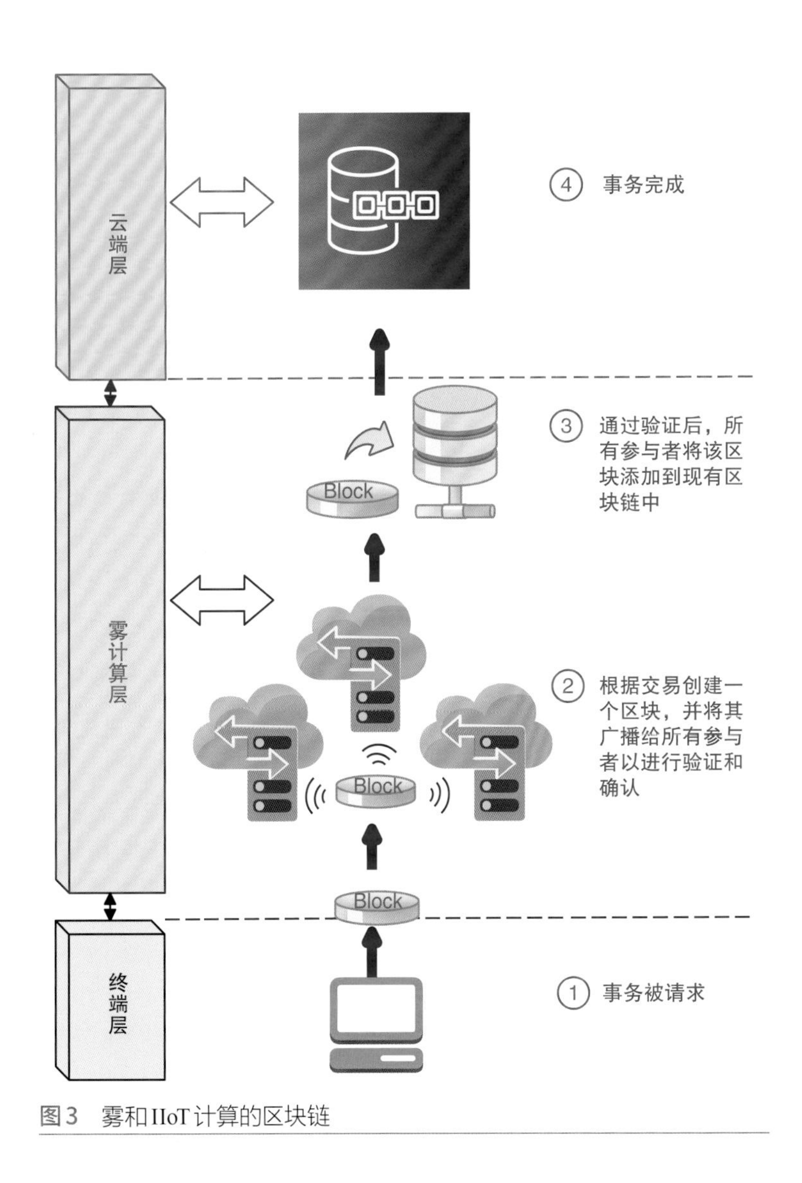

图3 雾和IIoT计算的区块链

缘/雾计算结合了“如何增强ICPS性能”部分中讨论的所有优势，并凭借许多新优势解决了许多挑战，包括：

（1）由于去中心化雾计算资源，可以更好地管理区块链的分布式功能，从而提高可扩展性和系统可用性级别

（2）改进了系统安全性，确保了隐私性、信任度、可靠性和应对恶意攻击的免疫力，如如何将集成的区块链用于验证数据完整性和缓解恶意攻击。

挑战与未来研究

区块链与雾计算的结合解决了IIoT系统固有的许多问题。我们正在开发一个测试平台，该平台可用于评估在各种网络约束下的区块链性能，我们计划将其用于测试我们的系统。接下来，我们将列出其他一些有趣的、尚未解决的挑战。

（1）可扩展性和存储容量问题。存储容量和可扩展性是IIoT和区块链的突出问题，因为IIoT设备可以实时生成千兆字节的数据，对边缘/雾存储资源利用放大了这一挑战。当前大多数的区块链只能同时处理有限数量的交易，而没有被设计用于存储大量数据。尝试这样做会增高延迟，这对于IIoT是一个重要的障碍和挑战。设计新技术时需要对预期的网络吞吐量和可扩展性进行详细描述，以简化实时处理和存储，包括数据的压缩和轻量化等。

（2）安全性和数据完整性问题。数据安全和网络安全攻击防范是IIoT系统的重要功能。在这一新的产业发展中，我们必须开发技术和工具来抵抗攻击并提供最佳的数据安全性。尽管将区块

关于作者

Ouns Bouachir 现任阿拉伯联合酋长国扎耶德大学技术创新学院计算机工程助理教授。法国国立民用航空大学（法国图卢兹）计算机工程博士学位。IEEE会士。联系方式：ouns.bouachir@zu.ac.ae。

Moayad Aloqaily 现任阿拉伯联合酋长国艾恩科技大学助理教授。研究兴趣包括联网车辆、区块链解决方案和可持续能源。加拿大渥太华大学电气与计算机工程专业博士学位。IEEE会士。联系方式：maloqaily@ieee.org。

Lewis Tesng 现任波士顿学院助理教授。伊利诺伊大学香槟分校计算机科学专业博士学位。研究兴趣包括分布式计算/系统和基于区块链的系统。IEEE会士。联系方式：lewis.tseng @ bc.edu。

Azzedine Boukerche 现任渥太华大学（加拿大安大略省）杰出教授、加拿大首席研究学者。IEEE、加拿大工程学院、美国科学促进协会会士。联系方式：boukerch@uottawa.ca。

链引入基于IIoT的雾计算可以增强数据安全性和灵活性，但它也可能影响有关可靠性和收集数据完整性的功能。区块链验证数据生成者的身份，并确保数据是不变的，并能够检测到信息的任何修改。但是，当已经损坏的数据到达区块链时，系统会受到限制，可能无法识别此类损坏，因此该损坏将持续存在。此外，损坏的数据不仅可能由恶意攻击造成，还可能由周围环境和设备故障相关的其他方式引起。

（3）能源消耗。诸如能量感知通信协议或能量收集传感器平台之类的解决方案可对上述平台进行补充，以减少此类系统中的能耗。

（4）先进的算法。基于ICPS的雾化和区块链系统是高度创新的自动化系统，结合了多个领域，包括机器人技术、ML、AI，可基于上下文感知和推理能力创建更智能的CPS并提供自动化性能，例如自我稳定。它需要使用平台资源开发的新颖算法、应用、接口，以建立新的业务模型。

（5）法规和标准。这个生态系统需要新的监管模式。该平台基于可能与用户相关并在不同实体之间交换的数据，因此，必须制定法规、标准和社会准则，以明确如何合法公平地使用该平台。

本文讨论了在IIoT中基于区块链和雾计算的生态系统的创建，该生态系统可以管理增强IIoT QoS、数据存储以及计算和安全性要求。雾/边缘系统在靠近终端用户设备的每个本地网络的边缘传输计算资源和容量。它的主要优点是减少了延迟，特别是对于具有实时要求的应用（如视频监控），帮助防止单点故障，提高了可用性。基于物联网的雾化和区块链系统可以应对安全性、隐私性、收集数据的完整性方面的严峻挑战。区块链为添加的数据提供了重要的安全级别。尽管基于IIoT的区块链和雾计算利用了这两种技术的优势，但其他挑战仍需要更多的研究以发现新机遇，包括开发适用于这种高度创新的自动平台的算法和基础架构。C

参考文献

[1] L. D. Xu, W. He, and S. Li, “Internet of things in industries: A survey,”

IEEE Trans. Ind. Informat., vol. 10, no. 4, pp. 2233–2243, Nov. 2014. doi: 10.1109/TII.2014.2300753.

[2] P. Hu, S. Dhelim, H. Ning, and T. Qiu, "Survey on fog computing: Architecture, key technologies, applications and open issues," *J. Netw. Comput. Appl.*, vol. 98, pp. 27–42, Nov. 2017. doi: 10.1016/j.jnca.2017.09.002.

[3] I. A. Ridhawi, M. Aloqaily, and A. Boukerche, "Comparing fog solutions for energy efficiency in wireless networks: Challenges and opportunities," *IEEE Wireless Commun.*, vol. 26, no. 6, pp. 80–86, Dec. 2019. doi: 10.1109/MWC.001.1900077.

[4] N. Teslya and I. Ryabchikov, "Blockchain-based platform architecture for industrial IoT," in *Proc. 2017 21st Conf. Open Innovations Association (FRUCT)*, Nov. 2017, pp. 321–329. doi: 10.23919/FRUCT.2017.8250199.

[5] L. Tseng, L. Wong, S. Otoum, M. Aloqaily, and J. B. Othman, "Blockchain for managing heterogeneous internet of things: A perspective architecture," *IEEE Netw.*, vol. 34, no. 1, pp. 16–23, Jan. 2020. doi: 10.1109/MNET.001.1900103.

[6] R. Basir et al., "Fog computing enabling industrial internet of things: State-of-the-art and research challenges," *Sensors*, vol. 19, no. 21, p. 4807, Nov. 2019. doi: 10.3390/s19214807.

[7] P. O'Donovan, K. Bruton, C. Gallagher, and D. O'Sullivan, "A fog computing industrial cyber-physical system for embedded low-latency machine learning industry 4.0 applications," *Manuf. Lett.*, vol. 15, pp. 139–142, Jan. 2018. doi: 10.1016/j.mfglet.2018.01.005.

[8] A. Dorri, S. S. Kanhere, R. Jurdak, and P. Gauravaram, "LSB: A lightweight scalable blockchain for IoT security and anonymity," *J. Parallel Distrib. Comput.*, vol. 134, pp. 180–197, Dec. 2019. doi: 10.1016/j.jpdc.2019.08.005.

[9] F. Ali, M. Aloqaily, O. Alfandi, and O. Ozkasap, Cyberphysical blockchain-enabled peer-to-peer energy trading. 2020. [Online]. Available: arXiv:2001.00746

[10] M. Aloqaily, A. Boukerche, O. Bouachir, F. Khalid, and S. Jangsher, "An energy trade framework using smart contracts: Overview and challenges," *IEEE Netw.*, to be published. doi: 10.1109/MNET.011.1900573.

[11] A. Pal and K. Kant, "Using blockchain for provenance and traceability in internet of things-integrated food logistics," *Computer*, vol. 52, no. 12, pp. 94–98, Dec. 2019. doi: 10.1109/MC.2019.2942111.

[12] H. Lei, C. Qiu, H. Yao, and S. Guo, "When blockchain-enabled internet of things meets cloud computing," *Computer*, vol. 52, no. 12, pp. 16–17, Dec. 2019. doi: 10.1109/MC.2019.2940857.

[13] I. Makhdoom, M. Abolhasan, H. Abbas, and W. Ni, "Blockchain's adoption in IoT: The challenges, and a way forward," *J. Netw.* Comput. Appl., vol. 125, pp. 251–279, Jan. 2019. doi: 10.1016/j.jnca.2018.10.019.

[14] R. Singh, A. Dwivedi, G. Srivastava, A. Wiszniewska-Matyszkiel, and X. Cheng, "A game theoretic analysis of resource mining in blockchain," *Cluster Comput.*, Jan. 24, 2020. doi: 10.1007/s10586-020-03046-w.

[15] T. M. Fernández-Caramés and P. Fraga-Lamas, "A review on the application of blockchain to the next generation of cybersecure industry 4.0 smart factories," *IEEE Access*, vol. 7, pp. 45,201–45,218, Apr. 2019. doi: 10.1109/ACCESS.2019.2908780.

[16] M. Aazam, S. Zeadally, and K. A. Harras, "Deploying fog computing in industrial internet of things and industry 4.0," *IEEE Trans. Ind. Informat.*, vol. 14, no. 10, pp. 4674–4682, Oct. 2018. doi: 10.1109/TII.2018.2855198.

[17] M. Mukherjee et al., "Security and privacy in fog computing: Challenges," *IEEE Access*, vol. 5, pp. 19,293–19,304, Sept. 2017. doi: 10.1109/ACCESS.2017.2749422.

（本文内容来自Computer, Technology Predictions, Sep 2020）

Computer

机器学习的十大安全风险

文 | Gary McGraw，Richie Bonett，Victor Shepardson，Harold Figueroa
贝里维尔机器学习学院
译 | 涂宇鸽

通过最近对机器学习系统进行的架构风险分析，我们确定了与大多数机器学习系统中发现的九个特定组件相关的 78 种特定风险。在本文中，我们描述和讨论了这 78 种风险中 10 种最重要的安全风险。

在贝里维尔机器学习学院（Berryville Institute of Machine Learning, BIML），我们感兴趣的话题是从安全工程角度在机器学习（machine learning, ML）系统中“构建安全性”。这意味着我们要了解机器学习系统在安全性上是如何设计的，从而消除可能的安全工程风险，并显示这些风险。我们感兴趣的另一个话题是把机器学习系统纳入更大的设计中会带来什么影响。我们基本的动机问题是，在设计和构建机器学习系统时，如何主动保护机器学习系统？为此，我们完成并发布了架构风险分析（architectural risk analysis, ARA），这是帮助工程师和研究人员保护机器学习系统安全的使命的重要第一步[1]。在本文中，我们简要描述了这78种风险中的十大风险。

机器学习系统具有各种形状和大小，坦白说，每种可能的机器学习设计都应具有其特定的ARA。在我们的报告中，我们根据组成部分描述了通用机器学习系统，并通过该通用系统进行工作、发现风险。驱动我们（这个实验）的想法是，在通用机器学习系统中出现的风险几乎肯定也会适用于任何特定机器学习系统。从使用我们的ARA开始，关注安全性的机器学习系统工程师们可以快速上手确定其特定系统中的风险。

图1显示了我们选择如何表示一个通用的机器学习系统。我们描述了以下9个基本组件，它们与机器学习系统的设置、训练、现场部署的各个步骤保持一致：①世界原始数据，②数据集组合，③数据集，④学习算法，⑤评测，⑥输入，⑦模型，⑧推理算法，⑨输出。请注意，在我们的通用模型中，进程和集合都被视为组件。进程（即组件②、④、⑤、⑧）用椭圆表示，而事物和事物的集合（即组件①、③、⑥、⑦、⑨）用矩形表示。在BIML网站上，我们发布了“BIML交互式机器学习风险框架”，其中详细介绍了与每个组件相关的风险。

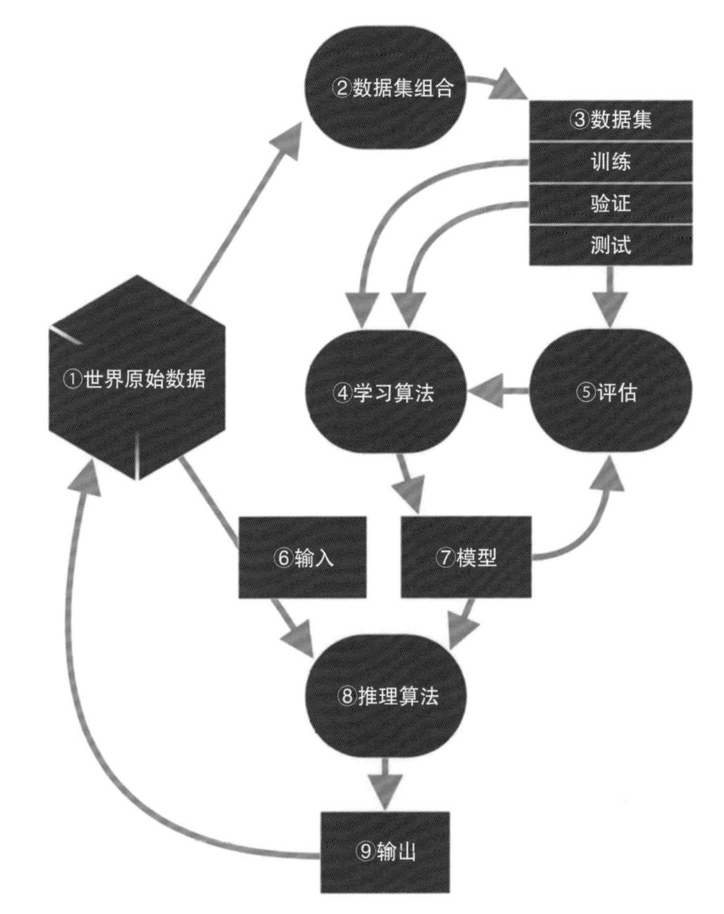

图1　通用机器学习系统的组件（箭头表示信息流）

机器学习的十大安全风险

在识别出每个组件的风险之后，我们把整个系统视为一个整体，确认了我们认为是机器学习的十大安全风险。这些威胁以两种较为不同的方式出现，两种方式都同样有效：有些威胁与攻击者的故意行为有关，而另一些与设计的固有缺陷有关（当工程师们好心办坏事时，这些缺陷就会出现）。当然，攻击者也可以利用设计的固有缺陷使问题复杂化。此处将简要介绍和讨论十大机器学习安全风险。

1.对抗样本

针对机器学习的攻击被称为对抗样本。其基本思想是通过提供恶意输入来欺骗机器学习系统，该恶意输入通常涉及很小的扰动，导致系统做出错误的预测或分类。尽管对抗样本覆盖面和引起的关注可能过于巨大，盖过了其他重要的机器学习风险，但它们却是非常真实的。

计算机最大的安全风险之一就是恶意输入。机器学习版本逐渐以对抗样本为人所知。尽管这些样本确实重要，但它们引起的关注已经大到让大多数人难以想象所有的其他风险了[2]。

2.数据投毒

数据在机器学习系统的安全性中起着举足轻重的作用。这是因为机器学习系统会直接从数据中学习如何做事。如果攻击者有意通过协调的方式操纵机器学习系统正在使用的数据，则整个系统可能会受到损害。

我们通用模型中的前三个组件（原始数据、数据集组合、数据集）容易受到投毒攻击，攻击者有可能以协调的方式有意操纵三个组件中的任何一个或全部来处理数据，导致机器学习训练出现问题。从某种意义上讲，这种风险既与数据敏感性有关，又与数据本身在机器学习系统中起着如此重大的作用这一事实有关。我们需要尤其注意数据投毒攻击。特别地，机器学习工程师应考虑到攻击者可以在什么程度上控制训练数据的哪一部分[3]。

3.在线系统操纵

机器学习系统在操作使用过程中继续学习时应处于在线状态，并随着时间的流逝调整其行为。在这种情况下，聪明的攻击者可以通过系统输入有意识地将不停学习的系统推向错误的方向，并缓慢地重训机器学习系统完成不正确的事情。请注意，这种攻击既微妙又易于实施。这种风险非常复杂，要求机器学习工程师考虑数据出处、算法选择和系统操作才能合理解决。

在操作期间会继续调整学习的在线学习系统可能会偏离其预期的操作样本。老练的攻击者可能会故意使在线学习系统朝错误的方向发展。在线系统中运行（即处于学习中）的现场模型可以被推出原定边界，攻击者可能很容易执行此操作。实时数据集操作在在线网络中尤其棘手，在该网络中，攻击者可以通过有意转移整个数据集来缓慢重训机器学习系统做不正确的事。

4.迁移学习攻击

在现实世界中的许多情况下，机器学习系统是利用已经训练的基础模型构建的，通过对它进行微调以便执行更具体的任务。当基础系统受到破坏或不适合使用，使攻击者可以定义意外行为时，就会发生数据迁移攻击。

许多机器学习系统是通过调整已经训练的基本模型构建而成的，因此，通过一轮专门训练可以完善其某些通用的功能。在这种情况下，迁移攻击会带来重大风险。在预训练模型广泛可用的情况下，攻击者可能会使用它来设计攻击，这种攻击足够强大到战胜您（尽管对于攻击者不可用）调整后的特定任务模型。您也应当考虑您正在精炼的机器学习系统有没有可能是包含了无法预料行为的木马程序[4]。

机器学习系统在迁移情况下会被有意地重复使用，存在着超出预期用途的迁移风险。成组发布的用于迁移的模型非常适合准确描述其系统的工作方式以及它们如何控制本文档中的风险。模型迁移可能导致重复使用的模型其实是该模型的木马版（或其他损坏的版本）。

你应该考虑到
你改善的机器学习系统可能是一个特洛伊木马
包括了不可预料的卑鄙行为

5. 数据机密性

不引入机器学习的话，数据保护会十分困难。机器学习的一个独特挑战是保护敏感或机密数据，这些数据通过训练可以直接建立到模型中。针对机器学习系统数据的提取攻击微妙而有效，是重要的风险类别。

在机器学习系统中保护数据机密性比在标准计算情况下更具挑战性，因为经过机密或敏感数据训练的机器学习系统会通过训练内置这些数据的一部分。从机器学习系统（通过正常使用间接地）提取敏感和机密信息的攻击已经被大家所知[5]。请注意，即使是亚符号特征提取也可能很有用，因为它可用于磨练对抗性输入攻击[6]。

6. 数据可信度

数据在机器学习安全性中起着举足轻重的作用，因此，考虑数据的来源和完整性非常关键。数据是否适用并足够优质以支持机器学习？传感器是否可靠？如何保持数据完整性？了解机器学习系统数据源在训练和执行期间的性质至关重要。事关可能被操纵或投毒的公共数据源以及在线模型时，数据带来的风险尤其难以处理。

数据源可能是不值得信任、不适合、不可靠的。攻击者如何篡改或破坏原始输入数据？如果输入偏移、更改或消失，又会发生什么[7]？

7. 可复现性

每个人都将受害于草率马虎的科学和工程学。不幸的是，由于固有的难解性和领域的过速发展，机器学习系统的结果经常被漏报、描述不清或无法重现。当没有人注意到系统无法被复现时，坏事就可能会发生。

结果无法重现可能导致人们过分相信特定机器学习系统会按预期执行。通常，报告模型的描述中会缺少关键的细节。其结果也往往非常不可靠；在不同的图形处理器（甚至是本该规格相同的图形处理器）上进行训练的过程会产生截然不同的结果。学术工作通常倾向于调整作者的系统，直到其性能超过基准（这无法从类似的调整中受益）为止，这样得出的结论会误导人们认为只有不通过更简单、更早期的方法进行改善的想法才是好的。

8. 过度拟合

机器学习系统通常功能非常强大。有时候，它们可能过于强大到对自己毫无益处。当机器学习系统“记住”其训练数据集时，它不会泛化到新数据，从而被认为过度拟合。过度拟合模型特别容易受到攻击。请记住，过度拟合可能会与在线系统操作一起发生，并且可能会在系统运行时发生。

一台功能足够强大的机器有能力学习它的训练数据集以至于本质上建立了一个查找表。不幸的是，这种“完美”学习的副作用是无法在训练集之外进行泛化。过度拟合模型很容易通过输入进行攻击，因为对抗样本与输入环境中的训练样本所需的距离很短。请注意，生成模型也可能会过度拟合，但这种现象可能很难被发现。

**一个足够强大的机器是
可以从它的训练数据中学习
它基本上可以构建一个查找表**

9. 编码完整性

在机器学习系统中，数据通常在使用之前被编码、过滤、表示和以其他方式处理（大多数情况下这是由人类工程师团队来进行的)。编码完整性问题会以一种有趣但也令人不安的方式使模型产生偏差。例如，包含元数据的编码会使机器学习模型通过过分强调元数据、忽略实际问题来解决分类问题。

原始数据可能无法代表您要使用机器学习解决的问题。您的采样能力是否有损耗？您的原始数据中是否隐藏伦理和道德暗示（例如，如果数据集设计不当，种族歧视或仇外心理的暗示可以直接训练内化到某些面部识别系统中)[8]？

预处理过程中可能会引入和加剧编码完整性问题。预处理步骤本身是否会带来安全性问题？原始数据处理中的偏差可能会影响伦理和道德暗示。将Unicode标准化为ASCII可能会在编码时带来问题，如西班牙语显示不正确，变音和重音符号丢失。

元数据可能会帮助或损害机器学习模型。原始输入数据集中包含的元数据可能是一个危险的功能，看似有用，实际上却会降低泛化性。元数据也可能会遭受使机器学习模型混淆的篡改攻击。信息变多不代表总是有用，并且元数据可能包含虚假的相关性。请考虑这个例子：我们希望通过包括来自相机的可交换图像文件数据来提高图像分类器的性能，但是，如果实际上我们所用的狗的训练数据图像都是高分辨率照片，而猫的图像主要是Facebook表情包呢？我们的模型可能会基于元数据而不是内容来做出决策。

10. 输出完整性

如果攻击者可以在机器学习系统和世界之间进行干预，则可能会对输出进行直接攻击。机器学习操作的难解性（即不是真正了解它们的工作方式）可能会使输出完整性攻击变得容易得多，因为异常情况更难被检测到。

想象一下攻击者直接调整输出流，这将影响包含机器学习子系统的较大系统。有很多方法可以做到这种事。最常见的攻击可能是在输出流和接收器之间进行干预。模型有时不透明，会不经检查就使用未验证的输出，这意味着介入的攻击者可以轻松地躲藏在我们眼皮之下。

本文仅介绍了与通用机器学习系统（由BIML在基本ARA中确定）相关的78种特定风险中的10种[1]。我们的风险分析结果旨在帮助机器学习系统工程师保护其特定的机器学习系统。我们认为，机器学习系统工程师可以在设计、实施、部署特定机器学习系统时考查风险，从而发明并建立更安全的机器学习系统。在安全方面，细节决定成败，我们试图提供尽可能多的有关机器学习安全风险和基本安全控制的细节。■

参考文献

[1] G. McGraw, H. Figueroa, V. Shepardson, and R. Bonett, "An architectural risk analysis of machine learning systems: Toward more secure machine learning," Berryville Institute of Machine Learning, Clarke County, VA. Accessed on: Mar. 23, 2020. [Online]. Available: https://berryvilleiml.com/ results/ ara.pdf

[2] X. Yu, P. He, Q. Zhu, and X. Li, "Adversarial examples: Attacks and defenses for deep learning," *IEEE Trans. Neural Netw. Learn. Syst.*, vol. 30, no. 9, pp. 2805–2824, 2019. doi: 10.1109/TNNLS.2018.2886017.

[3] S. Alfeld, X. Zhu, and P. Barford, "Data poisoning attacks against autoregressive models," in *Proc. 30th AAAI Conf. Artificial Intelligence*, Phoenix, AZ, Feb. 2016. pp. 1452–1458. doi: 10.5555/3016100.3016102. [Online]. Available: https://www .aaai.org/ocs/index.php/AAAI/ AAAI16/paper/view/12049

[4] G. McGraw, R. Bonett, H. Figueroa, and V. Shepardson, "Securing engineering for machine learning," *Computer*, vol. 52, no. 8, pp. 54–57, 2019. doi: 10.1109/MC.2019.2909955.

[5] R. Shokri, M. Stronati, C. Song, and V. Shmatikov, "Membership inference attacks against machine

learning models," in *Proc. 2017 IEEE Symp. Security Privacy*, pp. 3–18. doi: 10.1109/ SP.2017.41.

[6] N. Papernot, A Marauder's map of security and privacy in machine learning. 2018. [Online]. Available: arXiv:1811.01134

[7] M. Barreno, B. Nelson, A. D. Joseph, and J. D. Tygar, "The security of machine learning," *Mach. Learn.*, vol. 81, no. 2, pp. 121–148, Nov. 2010. doi: 10.1007/s10994-010-5188-5.

[8] P. Phillips, P. Jonathon, F. Jiang, A. Narvekar, J. Ayyad, and A. J. O'Toole, "An other-race effect for face recognition algorithms," *ACM Trans. Appl. Percept.*, vol. 8, no. 2, p. 14, 2011. doi: 10.1145/1870076.1870082.

（本文内容来自*Computer, Technology Predictions, Jun 2020*）

Computer

关于作者

Gary McGraw 贝里维尔机器学习学院的联合创始人。联系方式：gem@garymcgraw.com。

Richie Bonett 现就读于威廉玛丽学院和贝里维尔机器学习学院。联系方式：richiebonett@gmail.com。

Victor Shepardson 现就职于Ntrepid和贝里维尔机器学习学院。联系方式：victor.shepardson@gmail.com。

Harold Figueroa 现就职于Ntrepid和贝里维尔机器学习学院。联系方式：harold.figueroa@gmail.com。

文化地图的城市归属感设计

文 | Edyta Paulina Bogucka 慕尼黑工业大学
Wonyoung So 麻省理工学院
Marios Constantinides 诺基亚贝尔实验室
Luca Maria Aiello 诺基亚贝尔实验室
Daniele Quercia 诺基亚贝尔实验室
Melanie Bancilhon 华盛顿大学圣路易斯分校
译 | 闫昊

纵观历史，地图是展示城市面貌的一个工具。它们通过街道、建筑物和景点使得城市结构变得更为形象。街道的名字除了用于导航之外还有着纪念意义，能够展现城市的历史文化。而展现街道名字背后的社会文化特征则有可能唤起公民对于城市历史的共鸣。但是要实现这样的目的要面临两个挑战：数据稀缺和公民的参与感不足。为了使公民获得城市的归属感，我们收集了巴黎、维也纳、伦敦和纽约等城市的5000条街道数据，使用可视化叙事方式设计了属于当地的文化地图。通过数字化街道场景，我们展示了文化地图是如何吸引并引导用户，让他们在探索中发现这些城市性别倾向、对职业的致敬和对不同文化的包容。

欧洲理事会将跨文化城市定义为人口众多，容纳不同国籍、血统、语言、宗教和信仰的城市单位[1]。并且以此为依据，制定战略行动用以审查当前城市的文化融合政策。该议程促使城市收集城市数据和非正式故事，鼓励公民参与文化探索，提升公民归属感[1]。

数据收集和可视化技术给文化探索提供了多种实现方式[2]。而地图为文化空间提供了可视化范例。最早的文化地图雏形是档案行政地图系列，它记录了历史地名的命名过程[3]。随着网络地图的发展，原住民地区(https://native-land.ca)已经可以通过地图来展示文化多样性指数[4]，或作为正义工具为边缘化群体发言。例如，南部贫困法律中心绘制了仍然用于美国街道命名的内战时期的公开压迫符号（https://www.splcenter.org/data-projects/whose-heritage），而女权主义者协会l'Escouade绘制了一幅特别的日内瓦地图，通过象征性地重命名100条街道来庆祝女性的影响力（https://100elles.ch）。为了评估文化多样性，城市需要首先建立文化量化机制。由于官方行政数据稀缺，导致实现这一任务无从下手。因此，研究人员经常利用非官方的数据集，开发能够捕捉复杂社会文化特征的文化探索方式。这些常用的方式中包括地理参考图片[5]、兴趣点[6]、社交媒体照片[2]和街道名称[7]。

将街道的命名系统与社会文化维度相关联的雏形最早出现在18世纪，当时街道的命名方式已从强调城市的地理特征转变为承担纪念性空间的职能[7]。街道名称被用来展示城市文化发展状况，例如显示男性的主导地位、女性的社会角色、宗教联系[7]和文化融合多样性[8]。然而，跨城市文化对比的研究仍然处于隔阂状态，这方面具有代表性的案例是在以色列[9]、波兰和捷克[3]新定居点纪念性命名的探索。但是以往案例的研究缺乏自动化的工作流程，而且大多是通过地图绘制团体或者由专题研讨会的参与者手工完成的。例如，公开街道地图(the Open Street Maps，OSM)地图绘制团体Geochicas参与调查包括巴塞罗那、哈瓦那和墨西哥城在内的11个西班牙语城市的街道获奖者的性别分布(https://geochicasosm.github.io/lascallesdelasmujeres)。总而言之，以往的街道名称研究规模有限(覆盖同一国家的一个城市或一组城市)，仅局限于单一的文化维度，缺乏吸引人的视觉界面，对唤醒纪念活动意识的提升有限。

尽管地图已经是城市探索的常规工具，但尚未尝试过用视觉分析工具来推断城市的文化历史，并提高人们对某条街道后面的“谁”的认识[3]。为了增加公民的参与感和探索意识，我们需要确保能够调动用户的积极性[10]。从制图师的角度而言，实现这一目标的一种方法是通过视觉叙事模式[11]，目的是使得探索过程寓教于乐[13]。这一创意性方案是设计交互功能，包括整合公民意见或者显示街道数据背后所代表的人[14]。目前的街道名称地图用简单的主题地图绘制技术，根据获奖者的母语(http://str.sg/sgstreets)、性别(http://genderatlas.at)、或职业(https://www.zeit.de/feature/streetdirectorystreetnames-origin-germany-infographic-english)对街道进行颜色编码。因此，文化地图目前的主要挑战是如何开发一种视觉语言，来展示编码在数据中的无形价值，如一个城市的全球焦点或性别倾向。为了应对这一挑战，我们的工作做出了两项主要贡献：

（1）巴黎、维也纳、纽约和伦敦等城市的街道名称收集工作的多样化流程。

（2）以制图技术为基础的交互式文化地图，可在趣味十足的同时提高历史意识。

数据集

从开放的数据源中，我们收集并整理了四个城市（巴黎、维也纳、纽约和伦敦）的4932条街道的数据集，下面是对这一数据集的描述。对于每条街道，我们收集了八种类型的信息（请参见表1）。

（1）巴黎：使用Wikidata（https://query.wikidata.org）的SPARQL端点查询服务，我们检索了总共3413条位于巴黎的街道。每个返回的街道数据，都包含有字段（命名背后的内容），命名来

表1 数据集结构

内容	描述
街道名称	具有文化内涵的街道名称
行政区	街道所属的地区
名称含义	街道命名相关事件
荣誉	被命名者的名字
性别	被命名者的性别
职业	被命名者的职业
国家	被命名者原本的国籍
出生日期	被命名者的诞辰
死亡日期	被命名者的祭日

源(例如事件或人)。我们通过过滤，保留以人名命名的街道，其中1808条街道的数据符合这一条件。然后，我们爬取了这些人的Wikipedia页面，并获得了每条街道的行政区，被命名者的姓名、性别、职业、出生日期、死亡日期和原国籍。经过进一步的数据整理后，最终的巴黎数据集涵盖了1202年至2011年之间命名的1428条荣誉街道信息。

（2）维也纳："维也纳历史维基"平台（https://www.geschichtewiki.wien.gv.at）以结构化的方式（类似于Wikipedia）汇总了有关该城市的历史知识。我们抓取了包含给定街道历史的网页，并检索了2481条街道的初始数据集，以及每条街道的八种类型的信息。使用Python语言翻译包将所有德语信息翻译成英语。经过数据整理后，最终的维也纳数据集包含1778年至2018年之间命名的1662条街道。

（3）伦敦：由于没有公开的伦敦街道数据集，因此我们抓取有关伦敦街道的维基百科条目。我们使用关键词来缩小搜索空间的范围，这些关键词通常可以描述有关街道的网页，例如"以……命名"、"荣誉"和"庆祝"。有2500条街道的数据集符合这一条件，并用八种类型的信息进行了注释。通过使用Amazon Mechanical Turk平台发布了众包任务，每条街道至少由两个人注释。经过数据整理后，最终的伦敦数据集包含770条街道，涵盖了1030年至2013年之间的历史时期。

（4）纽约：我们从城市规划师吉尔伯特•陶伯（Gilbert Tauber）（http://nycstreets.info）获得了1459条荣誉街道的精选数据集。数据集与每条街道的八种信息类型保持一致。整理数据后，纽约数据集包含1072条街道，涵盖了1998年至2013年之间的历史时期。

为了确保四个数据集的信息一致，我们对职业采用统一编码方案。根据《国际职业标准分类》，我们将获奖者的职业归类于以下17个职业类别：立法者、作家、创意和表演艺术家、科学和工程专业人员、健康助理专业人员、运动员、社会工作者、教学专业人员、商人、手工艺及相关行业的工人、法律和社会专业人员、宗教代表、军事人员、王室成员、政治人物以及"911"事件急救者和受害者。此外，我们将每条街道与其对应的OSM形状文件进行匹配。为了构建文化地图，我们将基础地理数据存储在PostgreSQL数据库中，并使用Mapbox GL JS库设计了接口（https://docs.mapbox.com/mapbox-gl-js/api）。

文化街道地图

接下来，我们介绍用于发展文化街道地图的叙事技术，解释其用户界面，并通过模拟演练提供地图探索的可能性。

视觉叙事的制图技术

文化街道地图开发采用了地图视觉叙事概念框架[11]，可以通过链接访问（ http://social-dynamics.net/streetonomics/ ）。地图中通过修辞的方式进行空间叙事（情节）。

该可视化由五部分组成，按照从启动到冲突到解决的三弧线叙事序列排列(图1)，以显示城市之内和城市之间的街道名称模式。

（1）第一部分包含一个预加载器，它通过一个微动画来展示文化地图的视觉基调并创建悬念(图1(a))。

（2）第二部分以引子的方式抓住了浏览者的注意力：一个不寻常的社区散步邀请(图1(b))。

（3）第三部分介绍了冲突，并将街道名称的问题语境作为文化指标呈现出来(图1(c))。

（4）第四部分提出以文化地图作为解决方案(图1(d))。可视化使得问题的情境易于理解且形象化，并鼓励用户探索城市。

（5）第五部分包括一个带有原始数据、属性和其他材料的结尾（图1(e)）。

为了使用户参与文化地图的探索，我们使用了如下视觉叙事修辞方式：

（1）点画法是一种隐喻的印象派技术，通过彩色斑点进行作画[15]。从远处观看使用了该技巧的图像时，观看者的眼睛会将彩色斑点混合成可理解的空间图案。类似地，看似未连接的单个街道的重叠点形成了纪念性景观(图1(d))，并保持了悬念的气氛。

（2）Zoomy-telling是我们的视觉叙事技术的名称，该技术根

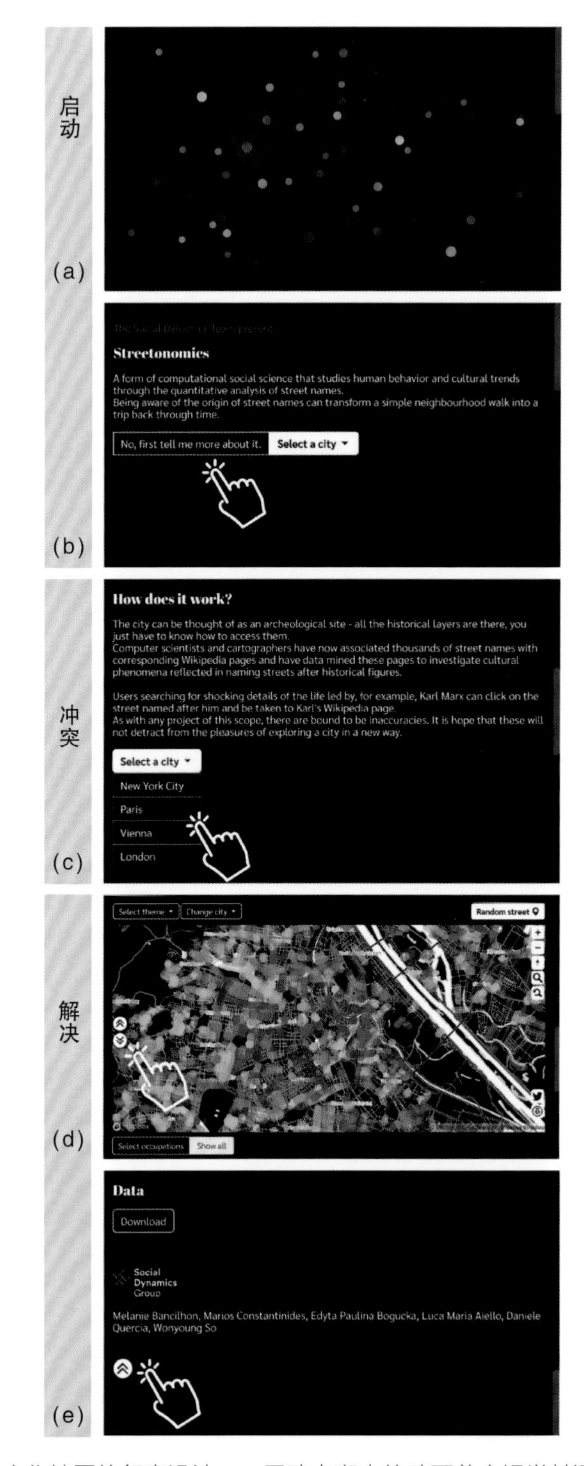

图1　文化地图的叙事设计。(a)用动态斑点的动画奠定视觉基调。(b)一个不寻常的社区散步邀请作为吸引观众注意力的引子。(c)街道名称数据作为文化指标的意义。(d)文化地图使街道命名模式可视化。(e)最后的结尾包括数据、组织人员和阅读材料。用户通过点击图标标记的入口点推进情节。演示视频:http://social-dynamics.net/streetonomics/teaser.mp4

据所选的缩放级别来调整显示的内容。文化地图在城市、地区和街道的三个视图级别上提供了不同的数据表示形式。在查看整个城市时，用户会看到像油画一样的色彩斑点主题数据簇(图1(d)和图3(c))。当放大到地区级别时，街道变成半透明的线(图3(d))，然后在街道级别变为完全不透明(参见图3(e))。

（3）注意力受到视觉层次和高度对比的人物背景图的影响。城市图级的细节层次是最小的，只有地区名称是用于定位的唯一标签。每个主题层（职业、性别、原国籍、历史时期）都使用鲜艳生动的色彩来表示。在设计过程中，以相似的色调描绘了类似的职业（例如，以创意者命名的街道以橙色调显示，而绿色则表示来自社会和科学领域的专业人员）。与传统的粉红色和蓝色配色来代表性别相反，我们采用了数据可视化社区所倡导的紫色和绿色[16]。根据国家的国旗选择了原国籍分类标签的颜色。最后，历史时期图层采用了多色顺序配色方案，以黄色绘制了最古老的街道，以蓝色绘制了最现代的街道。

（4）在空间叙事中，地点和人物都可以被视为故事元素[11]，这使用户可以看到每条街道代表着的历史人物。因此，每次用户选择一条街道时，都会弹出一个统一格式的窗口。弹出窗口设计成了徽章的样式，并包含命名者的图像、生日、姓名和职业。

（5）用户可以通过下载地图，评论并在社交媒体上分享，利用可视化技术表达自己对街道名称的看法。

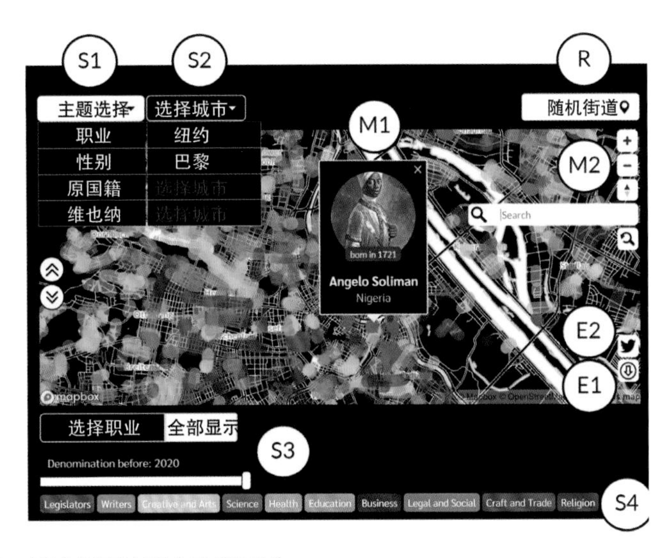

图2　用户界面的四个功能区域

用户界面和交互

遵循响应式设计原则，用户界面分为四个功能区域（图2），可以实现以下目的：

（1）四个选择器(S1~S4)：以不同的街道、不同的职业类别和其他主题，以及它们的命名年代为主题，进行探索。

（2）两类地图控件（M1~M2）：支持不同视图级别之间的转换。

（3）一个随机街道按钮（R）：体会随机浏览地图的乐趣。

（4）两个互动按钮（E1~E2）：允许地图下载和社交媒体共享。

文化地图有助于进行深入的视觉探索和分析。用户可以在页面上实现以下操作：

S1：选择一个感兴趣的城市（图3（a））。

S2：选择要展示的数据属性(主题)，如“性别”或“职业”（图3(b))。

S3：选择一个时间段，并显示在该时间段内被重新命名的街道簇（图3(c))。

S4：选择主题标记来过滤和可视化特定主题命名(或重命名)的街道子集。例如，用户可以选择“职业”主题下的作者标签（图3(d))。

M1：单击街道段，将弹出一个包含街道命名者信息的窗口(包括维基百科的链接)（图3(e))。

M2：通过放大/缩小，旋转地图，搜索特定地址并重置当前视图。

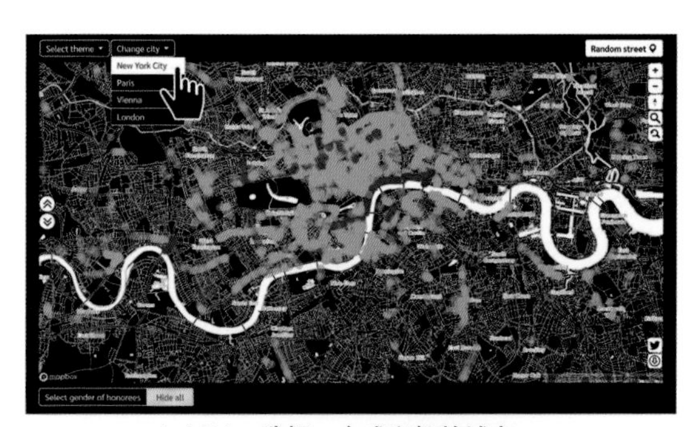

(a) S1：选择一个感兴趣的城市

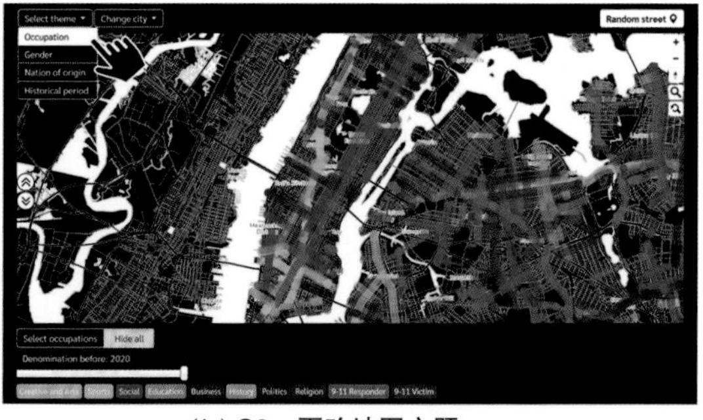

(b) S2：更改地图主题

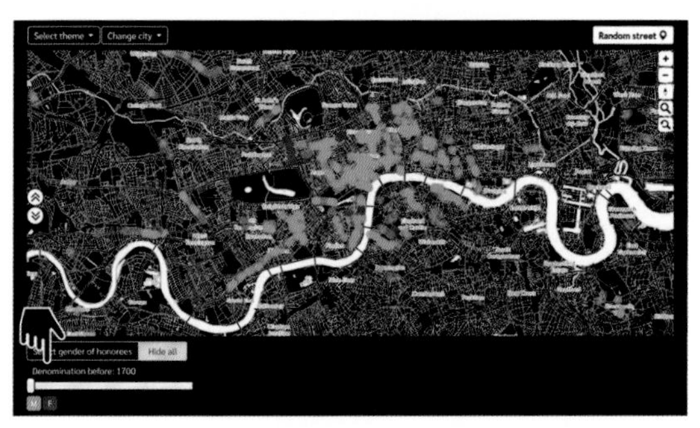

(c) S3：显示指定时间段内被重命名的街道

(d) S4：将获奖者的街道类别可视化

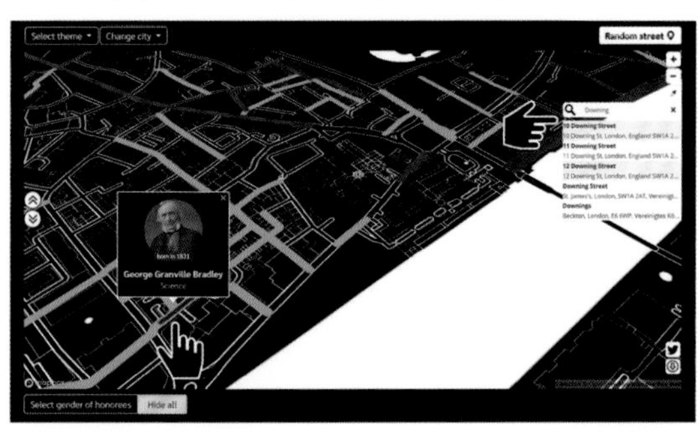

(e) M1，M2：深入探索地图

(f) R：抽取随机街道

(g) E1：下载地图图片

(h) E2：在社交媒体上分享观点

图3　文化地图的交互功能包括选择

R：按下“随机街道”按钮进行惊喜探索，地图放大到随机选择的街道并显示一个弹出窗口(图3(f))。

E1：以图片的形式下载当前显示的文化地图(图3(g))。

E2：在社交媒体上分享文化地图(图3(h))。

实例演示

通过结合上述九种类型交互，鼓励用户开发自己的数据驱动问题。接下来，我们描述了单一主题和城市探索的可能场景，以及城市的比较分析。

(1)探索城市的空间发展。街道的命名日期可能暗示城市的空间增长。为了对其进行可视化，用户可以选择感兴趣的城市(S1)并选择“历史时期”这一主题(S2)。通过拖动时间进度条(S3)，可以动态显示发展脉络。这形象地展示了数十年来，街道网络的发展。例如，考察1853年至1870年Hausmann的巴黎扩建计划的影响(图4(a)和(b))。使用相同量级的时间过滤器，用户可以将目标城市(S1)切换到伦敦，地图显示英国首都早在18世纪就到达了类似的规模。进一步切换城市并比较主要街道的颜色有助于用户在时间轴上发现命名过程。从最古老的“黄色”伦敦，到“红色”巴黎，到“紫色”维也纳，再到最新的“蓝色”纽约，一系列的颜色应用得到充分的发挥。

(2)探索历史上的性别倾向以及平权发展。这种探索可以通过选择“性别”作为地图主题(S2)，选择感兴趣的城市(S1)，然后在特定时间内命名的街道(S3,S4)进行拖动。例如，使用地图探索工具(M1、M2)可以发现，维也纳的街道命名政策促使过去十年中出现了以女性人物命名的街道群(见图4(c)和(d))。类似的新形成的集中命名出现在巴黎南部(第13区)和纽约(布鲁克林)。

(3)探索历史上职业的兴衰。用户选择感兴趣的城市(S1)和“职业”作为地图的主题(S2)。通过切换特定职业的标签(S4)，你可以看到伦敦的许多街道名字都为英国皇室成员和政治家做纪念，但只有少数属于艺术家和作家(见图4(e))。在下一步中，人们可以下载生成的地图(E1)，将城市改为维也纳(S1)，可以观察到这两个城市有相反的纪念做法(见图4(f))。此外，你可以看到，纽约纪念的是社会活动家而不是军事专业人士，而巴黎纪念的是法国大革命、拿破仑战争和两次世界大战的将军和士兵。

(4)探索城市的全球开放性。选择“原国籍”作为地图主题(S2)。通过选择多个感兴趣的城市(S1)，下载其主题地图(E1)并进行比较。这些地图对比显示，维也纳的纪念景观反映了奥匈帝国时代对多民族的包容性(图4(g))，但其他城市对外国人却不那么开放(图4(h)～(j))。人们可以将下载的地图(E1)并排放置，并在社交媒体(E2)上分享这些见解。

结论

文化街道地图将一个城市的历史反映在街道上，通过地图镜头将这些名字背后的故事表现出来。不同于之前的交互式街道名称地图，我们的方法提供了一个三弧叙事结构的地图设计方案，以促进纪念意义的继承。使用基于地图的修辞方式，如点彩、缩放、注意力、情感和评论，它可以反映历史进程，并保证用户参与感和探索兴趣。在跨文化城市的背景下[1]，我们的工具可以鼓励公众探索隐藏的城市模式，激发历史意识。此外，它还可以帮助决策者反思城市的过去，引导城市的未来发展。例如，在布鲁塞尔举

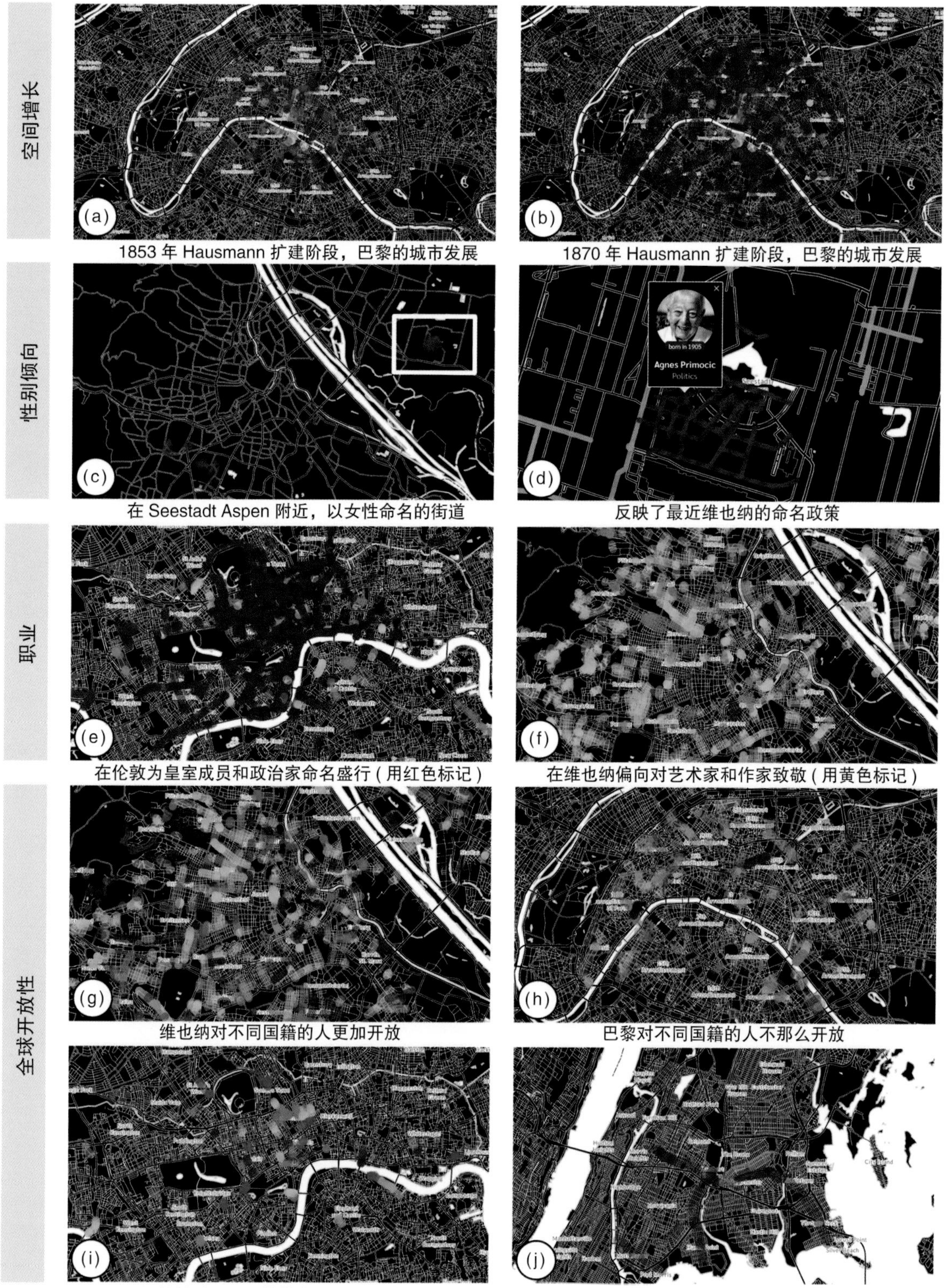
空间增长
(a)
(b)
1853 年 Hausmann 扩建阶段，巴黎的城市发展
1870 年 Hausmann 扩建阶段，巴黎的城市发展
性别倾向
(c)
born in 1905
Agnes Primocic
Politics
Seestadt
(d)
在 Seestadt Aspen 附近，以女性命名的街道
反映了最近维也纳的命名政策
职业
(e)
(f)
在伦敦为皇室成员和政治家命名盛行（用红色标记）
在维也纳偏向对艺术家和作家致敬（用黄色标记）
全球开放性
(g)
(h)
维也纳对不同国籍的人更加开放
巴黎对不同国籍的人不那么开放
(i)
(j)
伦敦对不同国籍的人不那么开放
纽约对不同国籍的人不那么开放

图4 基于地图的探索场景

关于作者

Edyta Paulina Bogucka 在德国慕尼黑的慕尼黑工业大学攻读制图博士学位。研究兴趣包括视觉叙事、空间数字人文科学和城市制图。联系方式：e.p.bogucka@tum.de。

Marios Constantinides 英国剑桥诺基亚贝尔实验室的社会动力学团队的研究科学家。对人机交互，普适计算和情感计算感兴趣。联系方式：marios.constantinides@nokia-bell-labs.com。

Luca Maria Aiello 英国剑桥诺基亚贝尔实验室社会动力学团队的高级研究科学家。在网络科学、计算社会科学和城市信息学领域进行跨学科研究。联系方式：luca.aiello@nokia-bell-labs.com。

Daniele Quercia 英国剑桥诺基亚贝尔实验室的系主任，英国伦敦金斯学院伦敦城市信息学教授。研究重点是数据挖掘、计算社会科学和城市信息学领域。联系方式：quercia@cantab.net。

Wonyoung So 美国麻省理工学院（MIT）博士学位。对自下而上的数据运动以及开源和DIY运动将如何影响城市空间感兴趣。联系方式：mail@wonyoung.so。

Melanie Bancilhon 在美国密苏里州圣路易斯的华盛顿大学圣路易斯分校攻读博士学位。对人机交互、城市信息学和计算社会科学感兴趣。联系方式：mbancilhon@wustl.edu。

办的绘图研讨会上，与会者提出了一份未来街道命名者名单，以更好地反映城市的文化多样性。我们的工具表明，以一种富有成效而又有趣的方式推进这些倡议是有益和可行的。

参考文献

[1] What is an intercultural city? 2020. Accessed: Jul. 10,2020. [Online]. Available: https://www.coe.int/en/web/interculturalcities

[2] L. Manovich, "The science of culture? social computing,digital humanities and cultural analytics," *J. Cultural Anal.*, pp. 1–15, May 2016. doi: 10.22148/16.004.

[3] J. David, "Street names—Between ideology andcultural heritage," *Acta Onomastica*, vol. 54,pp. 53–60, 2013.

[4] *Cultural Mapping as Cultural Inquiry*. Evanston, IL,USA: Routledge, 2015.

[5] D. Hristova, L. Aiello, and D. Quercia, "The new urban success: How culture pays," *Frontiers Phys.*, vol. 6, p. 27, 2018. [Online]. Available: https://www.frontiersin.org/article/10.3389/fphy.2018.00027

[6] J. Cranshaw, R. Schwartz, J. I. Hong, and N. Sadeh, "The livehoods project: Utilizing social media to understand the dynamics of a city," in *Proc. 6th Int. AAAI Conf. Weblogs Social Media, 2012*, p. 58. [Online]. Available: https://www.aaai.org/ocs/index.php/ICWSM/ICWSM12/paper/view/4682

[7] D. Oto-Peralıas, "What do street names tell us? The'city-text' as socio-cultural data," *J. Econ. Geography*, vol. 18, pp. 187–211, 2018.

[8] C. M. Shackleton, "Urban street names: An opportunity to examine biocultural relationships?" *PloS One*, vol. 13, no. 7, 2018, Art. no. e0200891.

[9] A. Pinchevski and E. Torgovnik, "Signifying passages: The signs of change in Israeli street names," *Media, Culture Soc.*, vol. 24, no. 3, pp. 365–388, 2002.

[10] H. Kennedy and R. L. Hill, "The feeling of numbers: Emotions in everyday engagements with data and their visualisation," *Sociology*, vol. 52, no. 4, pp. 830–848, 2018.

[11] R. E. Roth, "Cartographic design as visual storytelling: Synthesis and review of map-based narratives, genres, and tropes" *The Cartographic J.*, pp. 1–32, 2020. [Online]. Available: https://doi.org/10.1080/00087041.2019.1633103

[12] C. Kostelnick, "The re-emergence of emotional appeals in interactive data visualization," *Tech. Commun.*, vol. 63, pp. 116–135, 2016.

[13] A. V. Moere, M. Tomitsch, C. Wimmer, C. Boesch, and T. Grechenig, "Evaluating the effect of style in information visualization," *IEEE Trans. Vis. Comput. Graph.*, vol. 18, no. 12, pp. 2739–2748, Dec. 2012.

[14] B. Bach et al., "Narrative design patterns for datadriven storytelling," in *Data-Driven Storytelling*. Boca Raton, FL, USA: CRC Press, 2018.

[15] P. Mamassian, "Ambiguities and conventions in the perception of visual art," *Vis. Res.*, vol. 48, pp. 2143–2153, 2008.

[16] C. D'Ignazio and L. F. Klein, *Data Feminism*. Cambridge, MA, USA: MIT Press, 2020.

（本文内容来自IEEE Computer Graphics and Applications, VOL.40, Nov/Dec 2020） ComputerGraphics

为多媒体应用建立“Manga109”漫画标注数据集

文 | Kiyoharu Aizawa, Azuma Fujimoto, Atsushi Otsubo, Toru Ogawa, Yusuke Matsui, Koki Tsubota, 及 Hikaru Ikuta 东京大学
译 | 涂宇鸽

作为多模态（multimodal）艺术品的一种，漫画（manga/comics）因缺乏适当的数据集，而落后于最近深度学习应用的发展趋势。为此，我们建立了由109卷日本漫画书（94位作者、21142页）组成的数据集Manga109，在获得作者的学术使用许可后对外公开。我们仔细标注了漫画帧、话语文本、角色面部、角色身体，标注总数超过50万条。该数据集提供了大量的漫画图像和标注，便于在机器学习算法及其评估中使用。除学术使用许可外，我们还进一步获得了其子数据集的工业界应用许可。本文描述了数据集的详细信息，并提供了一些使用现有深度学习方法的多媒体处理应用（检测、检索、生成）实例，这些应用因该数据集得以成为可能。

漫画（manga/comics）在世界范围内广受欢迎。日本的数字漫画市场每年大约增长10%。漫画是一种具有独特表达风格的多媒体，它由二进制的手绘图像和话语文本构成一帧，通过帧的布局表达一系列场景。从多媒体研究的角度来看，漫画的多媒体处理比自然图像处理的频率要小得多，其中一个主要原因是缺乏由职业作者创作的、可供研究人员免费使用的高质量漫画数据集。与出版商和作者协商版权、在发表论文时获得使用许可等都具有挑战性。

为了解决这个问题，我们早前曾创建了一个漫画数据集，即Manga109数据集[1, 2]。该数据集由109个漫画标题组成，总计94位作者、21142页。它已适当标注版权所属并被公开用于学术研究。本文进一步创建了由四个元素组成的标注，即帧、文本、角色面部和角色身体，标注的总数超过50万条。图1显示了Manga109数据集的示例页面。该数据集的大量漫画帧和标注有助于在机器学习算法和评测中使用。数据集的一个子集（共87卷）也可作工业用途。在本文中，我们不会讨论新颖的技术方法，但会介绍Manga109的详细信息和一些可能因这个数据集实现的应用。Matsui等人[2]创建的Manga109数据集仅包含图像数据。本文将介绍我们创建标注的详细信息，这些标注对于各种应用都很有价值。

图1　Manga109的示例页面。帧、文本、角色面部和身体都使用了边框标注

漫画和漫画数据集

我们回顾了表1中列出的当前可用漫画数据集。由于版权问题，可用于学术研究的漫画数据集数量非常有限。Guerin等人出版的eBDtheque[3]是第一个公开发布的漫画数据集，总共包括100页的法国、美国、日本漫画。这些页面是从各种来源中选择的，每个页面还包含来源的详细信息。由于这个数据集页数非常少，因此很难将它用于机器学习。页数虽少，但它不仅包括帧、对话气泡和文本行的位置，还包括其属性，如气泡的样式（正常形状、云朵状，尖刺状等）、气泡尾部的朝向、版面的阅读顺序等。

Iyyer等人出版的COMICS[4]是最大的研究用漫画数据集。该数据集包含3948卷绘于美国漫画“黄金时代”（1938-1954）的作品，来源为数字漫画博物馆，该博物馆保管着用户上传的许多黄金时代不知名出版商的漫画扫描图像，这些漫画由于版权到期已进入公有领域（public domain）。他们也提供了帧和文本的边框标注。但是，大多数标注是自动创建的，因此不适合进行训练或评测——只有500页是手动创建标注，附到其余页面的标注是Faster R-CNN[5]基于这500页手动标注进行训练得出的

表1　漫画数据集和Manga109

数据集	卷数	页数	标注			
			帧	文本	面部	身体
eBDtheque [3]	25	100	850	1092a)	—	1550
COMICS [4]	3948	198 657	(1 229 664)b)	(2 498 657)b)	—	—
Manga 109 [2]	109	21 142	—	—	—	—
Manga 109 (标注版)	109	20 260 c)	103 900	147 918	118 715	157 152

a) 对话气泡的书目。eBDtheque 同时也有对文本行的边界框。
b) 伪标注 （自动生成的标注）。
c) 相当于 10130 张跨页。

结果。

在Manga109中，我们发表了Matsui等人[1, 2]的图像，并报告了本研究中的标注——这个数据库包含由94位作者绘制的109卷（21142页）日本漫画。这些漫画具有两个理想的特征：

（1）高质量——所有书籍都是由职业作者绘制并正式出版的。

（2）种类繁多——出版年份从1970年到2010年不等，涵盖12种题材（如体育运动和浪漫喜剧）。

Morozumi等人[6]提出了用于漫画的元数据框架，从概念上描述了漫画实体的层次结构。这个框架定义了漫画对象的三种类型，即视觉对象、对话（文本）、符号。视觉对象包括角色、物品、场景文本；对话（文本）包括言语、思想、叙述、独白；符号包括线条、拟声词、标记。这些对漫画来说可能是理想的标注定义，但它在数据实操中实在过于复杂了。如下文所述，我们定义了一个简化的标注框架。在以下各节中，我们将介绍Manga109及其标注。

Manga109

大型漫画图像数据集对漫画研究来说至关重要。在漫画图像处理的早期研究中，由于缺少足够大的数据集，研究者无法对方法进行合理的比较。漫画是艺术作品，版权也是一个敏感的问题。如果我们要使用正式出版的商业漫画来发表我们的研究结果，必须获得作者或出版者的许可。这通常需要时间，获得许可也绝非易事。因此，为了促进漫画研究，我们有必要建立一个漫画数据集，供学术研究团体公开使用。该数据集的可用性将促进对漫画的多媒体研究。

Manga109数据集解决了敏感的版权问题。在专职漫画家、J-Comic Terrace公司创始人K. Akamatsu先生的帮助下，我们获得了94位职业作者的许可，得以使用109卷漫画进行学术研究。Manga109中的所有漫画均保存于由J-Comic Terrace管理的“Manga Library Z”[7]档案库中，其中有数以千计的漫画目前已绝版。我们从档案库中选择了109卷漫画，涵盖了广泛的题材和出版年份。研究人员只要引用适当就可以自由使用这些漫画，进行检索、定位、字符检测、着色、文本检测、光学字符检测等研究任务。如表2所示，所选漫画最初出版时间从1970年到2010年不等。Manga109数据集涵盖了多种题材，包括幽默、战争、浪漫喜剧、动物、科幻、体育、历史剧、幻想、爱情、悬疑、恐怖、四格卡通。

表2　Manga109中按不同年代或题材分类的漫画卷数

年代	卷数
1970s	7
1980s	24
1990s	45
2000s	32
2010s	1

题材	数目	题材	数目
动物	5	幽默	15
战争	9	爱情	13
幻想	12	浪漫喜剧	13
四格漫画	5	科幻	14
历史剧	6	体育	10
恐怖	2	悬疑	5

Manga109标注版

本节将对Manga109标注版进行说明，这是一个基于Manga109的新标注数据集。原始的Manga109不包含标注，因此我们定义了标注框架并手动标注了整个数据集。这些标注包含对四种不同类型的漫画对象的标注（帧、文本、角色面部、角色身体）及内容标注（角色名称、文本内容），如图2所示。使用Manga109标注，可以轻松训练和评测执行漫画对象检测、检索、字符检测和其他

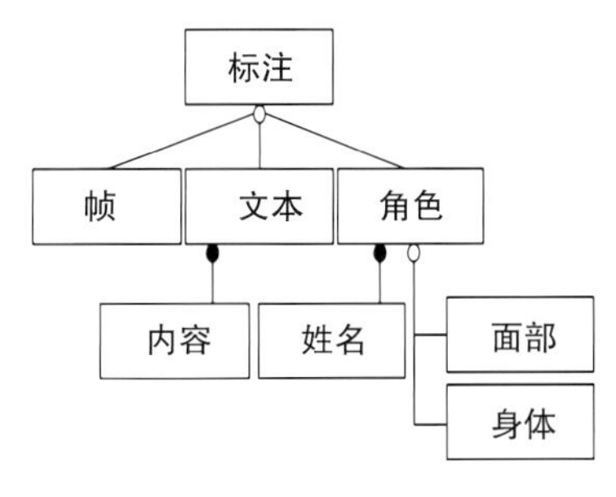

图2　标注集

任务的系统。

边框标注

边框标注由边框（bounding box）和类别标签组成。边框由四个值（xmin、ymin、xmax、ymax）组成，它们代表图像中的矩形区域。类别标签由以下类别之一组成：帧、文本、面部或身体。我们之所以选择这四个类别，是因为这些元素在漫画中起着重要作用，如以下各段所述。

图3是标注的示例。边框由矩形表示，其颜色代表类别标签。在标注过程中，人类标注者使用边框选择属于这些类别之一的每个区域，并为该区域分配类别标签。

（1）帧：帧是页面中描述场景的区域。通常，漫画中的页面由一组帧组成。视觉元素（如角色、背景、文本）通常绘制在帧内。读者需要按一定顺序阅读这些帧以了解剧情。帧通常由带有实线边框的矩形表示，但形状可以是任何多边形。帧是漫画中图像表示的基本单位，所以帧检测十分重要。尽管迄今为止研究者已提出了几种帧检测方法[9~11]，但由于缺乏公开可用的地面实况（ground-truth）标注，以前它们的性能是无法被比较的。我们的Manga109则提供了地面实况。

（2）文本：文本是一个重要元素，包含角色的对话、独白或旁白。大多数文本放置在有界的白色区域中，覆盖在角色或背景上，我们称这些区域为对话气泡。某些文本直接放置在图像中，没有对话气泡。文本区域检测由Rigaud等人[10~14]提出。

（3）面部和身体：角色的面部和身体是最重要的绘制对象。我们将面部区域定义为包括眉毛、脸颊、下巴的矩形。身体的区域定义为一个矩形，包括头部、头发、手臂、腿等身体部位。脸部也是身体的一部分，因此脸部始终包含在身体区域中。一些漫画使用动物（如狗和猫）作为主要角色。在这种情况下，我们像对待人类角色一样对待它们。由于帧的存在，面部和身体通常仅部分可见。例如，图3仅显示了男孩的上半身。

内容标注

我们定义了两种类型的内容信息：角色名称（IDs）和文本内容。我们为所有面部和身体标注了角色名称。数据集包括的109卷漫画中共存在2979个唯一角色名

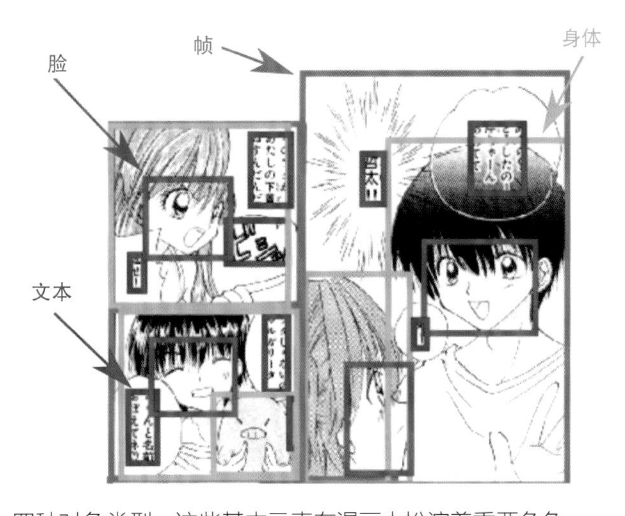

图3　四种对象类型。这些基本元素在漫画中扮演着重要角色

称。对于文本标注，我们将文本内容表示为Unicode字符串，由标注者手动输入每个文本的内容。标注结果共产生了2037046个字符（5.7 MB）的文本数据。这些文本数据对于许多应用非常有用，包括自动翻译、文本检测、说话人检测、多模态学习等。

标注过程

我们在此描述手动标注的过程。在标注之前，我们对所有图像执行了两个预处理步骤。首先，我们将左右页面合并为一个页面，这样做是因为作者有时会同时使用左右两页来绘制具有冲击力的图片，如图4所示。我们将一对页面称为“跨页”。这种格式使我们能够标注在左右页面上绘制的对象。为了正确标注这些对象，我们将所有页面都视为跨页。请注意，这是在不考虑页面内容的情况下进行的。跨页的大小通常为1654×1170像素。接下来，我们跳过了封面、目录、后记等页面，这样做是因为它们通常不包含漫画内容，并且页面结构与常规漫画页不同。在这些预处理步骤之后，需要标注的页数为20260，在跨页格式下的页数为10130。

标注分三个步骤进行。首先，我们邀请72名工作人员参加标注工作。每个工作人员最开始分到一卷漫画，如果某个工作人员标注速度较快，则会分到更多卷。最快的工作人员共标注了11卷漫画。为了这项任务，我们开发了一个基于Web的标注工具。该工具的详细信息将在以下部分中介绍。鉴于任务的复杂性（包含选择区域、分配类别标签、键入文本内容等步骤），我们决定招募单独人员，而不使用不够可靠的众包服务。从最初标注框架的设计算起，第一个标注过程花费了将近12个月的时间。

其次，为了确保标注的质量，我们在26名工作人员（均为本实验室成员）的帮助下对所有页面进行了手动核查。工作人员在页面上标记出了错用、误用的标注。漫画属于复杂文档，在第一个标注之后往往会出现很多错误。结果，2503个跨页因出现错误而被标记。

最后，我们更正了出现错误的页面中的标注。我们开发了另一个专门用于更正的工具。参加核查的26名工作人员也帮助进行了更正。第二和第三步又花费了10个月的时间。

图5显示了Manga109标注版的统计信息。该数据集是最大的手动标注漫画数据集。需要特别指出的是，它还有面部和身体标注，这是一个明显的优势，因为角色是检测任务最重要的目标之一。

图4　跨页。在这两个示例中，左右页被结合起来绘制一张大图。中间的角色同时位于两个页面上

标注工具

本节总结了我们构建的标注工具。图像标注需要大量工作，涉及数十名工作人员。因此，我们开发了一个基于Web的程序，使用HTML和JavaScript进行编码，使该工具可以无需安装即可轻松在各种设备上运行。

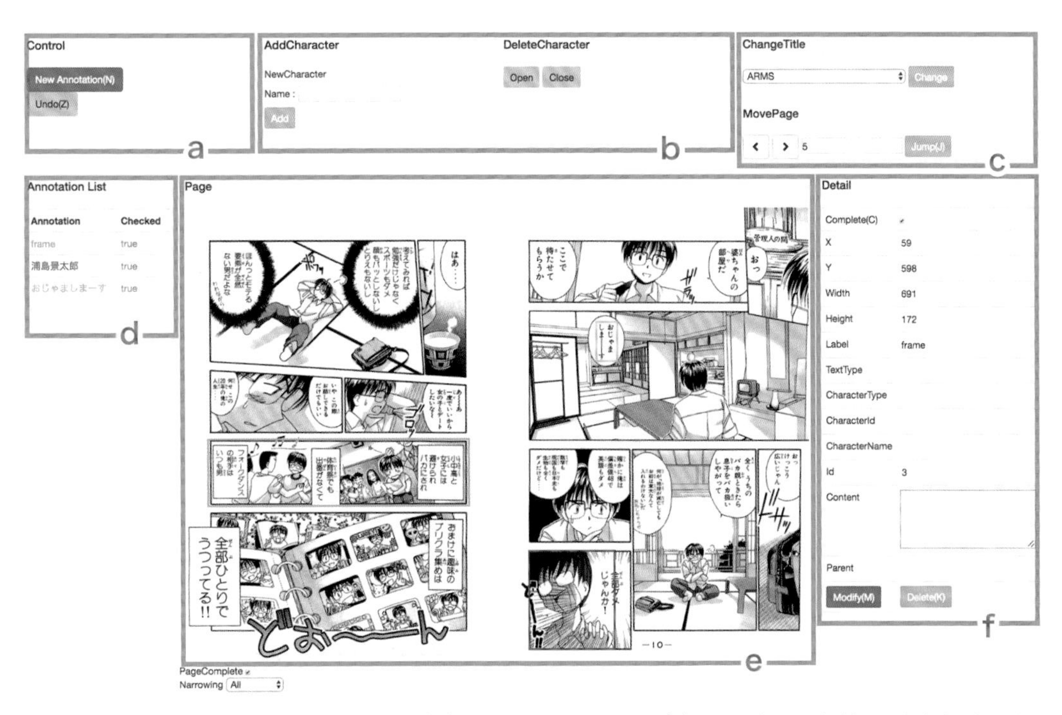

图5　软件窗口区域。(a) 标注添加和撤消区；(b) 角色添加和删除区；(c) 漫画或页面切换区；(d) 标注列表区；(e) 页面区；(f) 细节区

我们设计的软件可以轻松指定矩形区域并执行标签分配。软件窗口分为六个区域，如图5所示。在页面区(e)中可以查看跨页。在页面区(e)或标注列表(d)中可以查看当前页面的所有标注。当标注的数目增加时，边框的数目随之增加，页面区(e)经常会混乱，因此，标注列表区(d)在查看标注的方面是有利的。在标注添加和撤消区(a)中按“新标注”按钮可以添加新标注，在页面区(e)中指定一个矩形区域，就可以在其中分配标签或提供更多信息。编辑现有标注时，可以在标注列表区(d)或页面区(e)中选择目标，从而编辑页面区(e)中的边框和细节区(f)中的信息。页面中的操作在单个窗口中执行，无需屏幕转换或滚动。使用键盘快捷键也可以替换鼠标。

我们构建的修正工具的界面同上述标注工具类似。它使用透明彩色矩形覆盖对象，达到更好的视觉效果。与标注工具不同的是，该修正工具仅可在实验室的单个或本地个人电脑上使用。

工业用途的Manga109-s

自公开发布Manga109以来，我们收到了许多公司想使用该数据集的请求。该数据集是独一无二的，机器学习在漫画内容中的应用也具有商业价值。根据我们与作者的原始协议，该数据集仅限用于学术，不允许商用。因此，我们重新获得了作者的许可，使该数据集也可由公司使用。我们更新协议的要求已被75位作者接受，他们的漫画占数据集109卷中的87卷。我们这个子数据集命名为Manga109-s，公司可以将其用于研发，也可以将机器学习的结果用于商业。有关使用条件的详细信息，请访问Manga109网站[1]。

Manga109数据集进行多媒体处理实例

我们在此简要介绍三个使用数据集进行的多媒体处理实例，含文本检测、基于草图的检索、角色面部生成。由于所用数据数量多、质量高，我们使用现有方法获得了大量令人满意的结果。

关于漫画和漫画处理的研究种类繁多，这些研究曾在以前的MANPU研讨会上展示过[8]。读者可以参考该研讨会上的作品，以获得更多实例。

文本检测

文本检测是漫画最需要处理的任务之一。例如，将漫画翻译成其他语言时，第一步就是文本检测。研究者曾提出了几种用于漫画和漫画文本检测的方法[10, 12]，其中一项研究在小型eBDtheque数据集中使用和评测了神经网络[14]。先前的研究并未使用过大型数据集，其结果自然远谈不上令人满意。Manga109拥有超过147 k文本边框的海量数据，我们可以利用它来训练基于神经网络的标准对象检测器。

我们应用了单次多框检测器(Single Shot Multibox Detector, SSD)[15]来检测漫画图像中的文本。我们训练SSD进行文本检测。SSD是最先进的物体检测器之一。我们从109卷漫画中随机选择了19卷进行测试，其余90卷用于训练。19卷的作者和标题均未包含在其余90卷中。我们训练了SSD300和SSD512，它们分别具有300×300和512×512的输入分辨率。我们认定与地面实况形成大于0.5的交并比(intersection of union, IoU)的边框是成功的，否则为失败。我们通过平均精度(average precision, AP)来衡量对象检测的准确度。它是由PR曲线(precision-recall curve)下面积定义的常规指标。

我们在表3中总结了文本检测的结果。检测结果非常准确。SSD300获得的测试数据的平均精度为0.889，SSD512的平均精度为0.918。较大的分辨率性能更好，因为它可以检测较小的区域。SSD512的检测结果如图6所示，该图证明了其结果的高精度。图中数字表示检测的置信度得分。我们能以高于0.9的置信度正确检测到这些实例中几乎所有的文本，两个实例的最低置信度分别为0.74和0.82。我们可以通过设置适当的阈值检测到它们。

这样优异的性能来自于对大型高质量数据集的使用。这些平均精度远高于Rayar和Uchida[14]所报告的平均精度，尽管两者使用的数据集不同，后者使用的数据集更小。为了调查数据集的规模效应，我们从90卷漫画中随机选择了10和30卷作为训练数据进行实验，这两卷位于上述实验中所用训练数据的1/9和1/3。表3的结果清楚表明，增大数据集可以显著提高性能。

表3 不同大小训练数据量下的文本检测准确性

训练数据量大小(SSD512)	平均精度	训练数据量大小(SSD300)	平均精度
10卷	84.9	10卷	80.3
30卷	88.0	30卷	84.2
99卷	91.8	99卷	88.9

基于草图的漫画检索

Matsui等人[2]提出的基于草图的漫画检索利用了边缘方向直方图

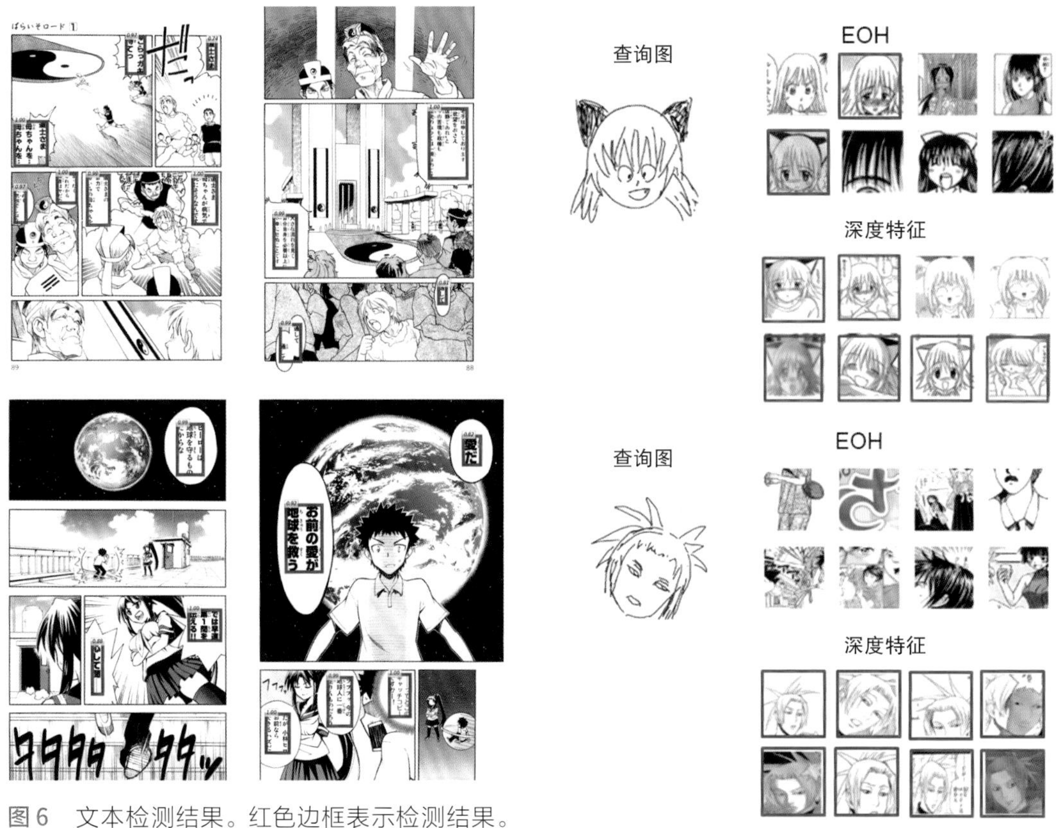

图6　文本检测结果。红色边框表示检测结果。边框上的数字显示置信度分数。几乎所有这些指标高于0.9，最低的是0.74

图7　比较EOH和深度特征基于草图的检索。红色边框表示正确的目标角色

（edge orientation histograms, EOH）的视觉特征，其检索结果通常没有意义。

Narita等人探索出了使用深度特征的基于草图的漫画检索方法[16]。他们对经过预训练的AlexNet进行了微调，对Manga109数据集的角色面部图像进行分类，并将fc6层作为深度特征进行检索。在训练中，他们平均使用了70卷漫画中的200个角色，每个角色平均使用了70多个图像。他们从漫画中删除了屏幕纹理，以模拟素描图像。

在检索实验中，他们使用了Manga109中的7卷漫画，首先用选择性搜索[17]为每个跨页生成了200个候选项，7卷共计137800个候选项。图7比较了先前方案EOHs2的检索结果和使用深度特征方法的检索结果。图中显示了检索结果的前8位，带有红色框的角色与用户绘制的草图相匹配。如例所示，使用深度特征的检索结果明显优于EOH。在实验中，研究者为图中的两个人物使用了三种不同的手绘草图，并为每个草图计算了平均精度，mAP为每个角色的平均值。深度特征的mAP报告为0.26、0.18，基于EOH的特征的mAP报告为0.09和0.00。与基于EOH的方法相比，深度特征的使用在数据上显著改善了性能。深度特征获得的不正确结果甚至在某种程度上也是正确的，因为它们都是相似的面部图像。相比之下，使用EOH所获得的错误结果则与查询面部完全不同。

使用GAN生成角色面部

生成对抗网络（generative adversarial networks, GAN）已成

(a) 训练用面孔

(b) 生成的面孔

图8　使用PGGAN生成角色面部的结果

为生成图像的流行框架。借助大量的训练图像，基于GAN的最新技术可以产生高质量的结果。

我们使用渐进式GAN（progressive growing of GANs, PGGAN）生成了漫画角色的面部[18]。Manga109数据集中的角色面部数量为118715，我们选择了其中104977张尺寸较小、像素超过30的图像。在实验中，我们将所有面部图像的大小调整为128128像素，并经过大约114次参数更新（计1200万幅图像）训练出了网络。图8展示了训练用面部图像和生成的面部图像的范例。尽管每个面部图像似乎都很难生成——角色面部是抽象的线条图，并且我们也没有使用任何对齐预处理——但我们仍能生成非常合理的面部图像。这种自动生成的面部可以用于背景角色，也可以用作创建新角色的参考，从而支持作者进行创作。

结论

在图像处理技术的不断发展中，精心设计的图像数据集发挥了至关重要的作用。本文介绍了Manga109标注版，它是包括了109卷日本漫画（共94位作者、21142页）的数据集，研究机构无需获得作者许可即能使用。我们还阐释了Manga109标注版的标注框架和标注过程。我们进一步获得了87卷的作者商用许可。我们还简要介绍了多媒体处理实例，包括文本检测、基于草图的检索、漫画角色面部生成，使用我们的数据集可以轻松实现这些范例。我们希望Manga109标注版数据集将为漫画研究的进一步发展做出贡献。

致谢

感谢Ken Akamatsu先生和J. Comic Terrace为建立Manga109数据集提供的巨大帮助。感谢所有允许我们在数据集中使用作品的漫画家和参与标注过程的工作人员。这项工作得到了战略信息和通讯研发促进计划（Strategic Information and Communications R & D Promotion Programme, SCOPE）和JSPS 17K19963的部分支持。

参考文献

[1] Manga109, 2015. [Online]. Available: http://www. manga109.org
[2] Y. Matsui et al., "Sketch-based manga retrieval using manga109 dataset," *Multimedia Tools Appl.*, vol. 76, no. 20, pp. 21811–21838, 2017.
[3] C. Guerin et al., "eBDtheque: A representative database of comics," in *Proc. Int. Conf. Document Anal. Recognit.*, 2013, pp. 1145–1149.
[4] M. Iyyer et al., "The amazing mysteries of the gutter: drawing inferences between panels in comic book narratives," in *Proc. IEEE Comput. Vision Pattern Recognit.*, 2017, pp. 7186–7195.
[5] S. Ren, K. He, R. Girshick, and J. Sun, "Faster R-CNN: Towards real-time object detection with region proposal networks," in *Proc. Adv. Neural Inf. Process. Syst.*, 2015, pp. 91–99.
[6] A. Morozumi, S. Nomura, M. Nagamori, and S. Sugimoto, "Metadata framework for manga: A multi-paradigm metadata description framework for digital comics," in *Proc. Int. Conf. Dublin Core Metadata Appl.*, 2009, pp. 61–70.
[7] Manga Library Z, 2011. [Online]. Available: https://www.mangaz.com/.
[8] International Workshop on coMics ANalysis, *Processing and Understanding (MANPU) in Conjunction With ICPR 2016,*

关于作者

Kiizaharu Aizawa 现任日本东京大学信息与通信工程系教授。1990年至1992年期间担任伊利诺伊大学客座助理教授。研究兴趣是多媒体、图像处理、计算机视觉。分别于1983年和1988年在东京大学获得电气工程学士学位和博士学位。历获1987年青年工程师奖，1990年、1998年IEICE最佳论文奖，1991年IEICE成就奖，1999年IEICE日本电子学会奖，1998年Fujio Frontier奖，2002年、2009年ITE最佳论文奖，2013年ITE成就奖，2002年IBM日本科学奖。IEEE MultiMedia和ACM TOMM编辑委员会成员。曾担任《日本ITE期刊》主编及IEEE TIP、IEEE TCSVT、IEEE TMM副编辑。曾在多个国际和国内会议中任职，曾任ACM Multimedia 2012和ICMR2018联合主席。IEEE、IEICE、ITE会士，日本科学理事会的理事。联系方式：aizawa@hal.t.u-tokyo.ac.jp。

Azuma Fujimoto 日本东京大学电子工程学士及硕士学位。在研究生期间参与构建了Manga109标注数据集。联系方式：fujimoto@hal.t.u-tokyo.ac.jp。

Asushi Otsubo 日本东京大学学士学位。研究兴趣包括Manga109数据集的分割、标注、工具。联系方式：otsubo@hal.t.u-tokyo.ac.jp。

Toru Ogawa 日本东京大学学士和硕士学位。在研究生学习期间参与了漫画对象检测工作。联系方式：t_ogawa@hal.t.u-tokyo.ac.jp。

Yusuke Matsui 日本东京大学信息与通信工程系助理教授。曾在日本东京国立信息学研究所担任博士后研究员。研究兴趣包括计算机视觉、计算机图形学、多媒体处理，尤其是图像检索。分别于2011年、2013年、2016年获得东京大学信息科学与技术的学士、硕士和博士学位。IEEE会士。联系方式：ymatsui@iis.u-tokyo.ac.jp。

Koki Tsubota 日本东京大学硕士研究生。研究兴趣包括计算机视觉和多媒体。从事多个漫画图像处理的领域，如漫画对象检测和漫画角色聚类等。东京大学学士学位。IEEE学生成员。联系方式：tsubota@hal.t.u-tokyo.ac.jp。

Hikaru Ikuta 在日本东京大学攻读博士学位。研究兴趣包括计算机视觉、图像、多媒体等，现从事图像样式翻译等工作。日本庆应大学学士学位、日本东京大学硕士学位。IEEE学生成员。联系方式：ikuta@hal.t.u-tokyo.ac.jp。

ICDAR2017, MMM2019.

[9] K. Arai and H. Tolle, “Method for real time text extraction of digital manga comic,” *Int. J. Image Process.*, vol. 4, no. 6, pp. 669–676, 2011.

[10] C. Rigaud, N. Tsopze, J.-C. Burie, and J.-M. Ogier, “Robust frame and text extraction from comic books,” in *Graphics Recognition*, New Trends and Challenges, New York, NY, USA: Springer, 2013, pp. 129–138.

[11] C. Rigaud, C. Guerin, D. Karatzas, J.-C. Burie, and J.-M. Ogier, “Knowledge-driven understanding of images in comic books,” *Int. J. Document Anal. Recognit.*, vol. 18, no. 3, pp. 199–221, 2015.

[12] Y. Aramaki, Y. Matsui, T. Yamasaki, and K. Aizawa, “Text detection in manga by combining connectedcomponent-based and region-based classifications,” in *Proc. IEEE Int. Conf. Image Process.*, 2016, pp. 2901–2905.

[13] C. Rigaud, J.-C. Burie, and J.-M. Ogier, “Textindependent speech balloon segmentation for comics and manga,” in *Graphic Recognition. Current Trends and Challenges*, New York, NY, USA: Springer, pp. 133–147.

[14] F. Rayar and S. Uchida, “Comic text detection using neural network approach,” in *Proc. Int. Conf. MultiMedia Model. Workshop*, 2019, pp. 672–683.

[15] W. Liu et al., “SSD: Single shot multibox detector,” in *Proc. Eur. Conf. Comput. Vision*, 2016, pp. 21–37.

[16] R. Narita, K. Tsubota, T. Yamasaki, and K. Aizawa, “Sketch-based manga retrieval using deep features,” in *Proc. 14th IAPR Int. Conf. Document Anal. Recognit.*, 2017, pp. 49–53.

[17] J. R. R Uijlings, K. E. A. van de Sande, T. Gevers, and A. W. M. Smeulders, “Selective search for object recognition,” *Int. J. Comput. Vision* vol. 104, no. 2, pp. 154–171, 2013.

[18] T. Karras, T. Aila, S. Laine, and J. Lehtinen, “Progressive growing of GANs for improved quality, stability, and variation,” in *Proc. Int. Conf. Learn. Representations*, 2018.

（本文内容来自IEEE MultiMedia, VOL.27, APRIL–JUNE 2020） IEEE MultiMedia

人工智能打击犯罪和恐怖主义达到新高度

文 | Bogdan Ionescu　布加勒斯特理工大学
Marian Ghenescu　布加勒斯特 UTI 集团和空间科学研究所
Florin Răstoceanu　军事装备和技术研究机构
Răzvan Roman　布加勒斯特保护和警卫服务部门
Marian Buric　布加勒斯特保护和警卫服务部门
译 | 叶帅

由于城市人口和基础设施的高度扩张，以及最近不稳定地缘政治国际事件，引发了越来越多令人担忧的威胁，执法机关需要重新思考如何解决恐怖主义造成的社会安全问题。尽管当前的技术进步使得信息获取变得容易，例如通过视频监控摄像头、卫星数据、无人机、可穿戴设备获取信息。但是，手动分析这些种类繁多且大量的数据不是一个恰当的解决方案。因此，如何自动分析这些数据成为关键且急迫的问题。随着人工智能（Artificial Intelligence，AI）以及深度神经网络技术的突破，机器提供人类水平的自动方案有了可能性。在本文中，我们将简要概述 AI 反恐研究的成果，包括人和物的自动识别、语音情报检索和虚假行为分析。该研究是在罗马尼亚布加勒斯特理工大学（Politehnica University of Bucharest）校园研究中心的 UEFISCDI SPIA-VA 研究项目期间进行的，UTI Grup 和军事设备与技术研究机构（the Military Equipment and Technologies Research Agency，ACTTM）是项目参与者，罗马尼亚保护警卫局（the Protection Guard Service, Romania（SPP））是公共受益者。

当今世界，城市人口数量指数性增长，基础设施飞速发展，消极的国际地缘政治事件发生频繁，越来越多的人受到了恐怖主义的威胁。恐怖主义威胁以异议、政治、刑事、网络各种形式出现，无孔不入，打击它是一场多元混合式战争。它是当今全球范围内主要威胁之一。全球有超过71个国家至少每年发生一次恐怖分子袭击，平均每年有33 000多人因此丧生。除此之外，还有大量公民因此受伤或发生财产损失，国家经济也损失重大。虽然与其他形式的暴力或疾病相比，它造成公民死亡的数量较少，但是恐怖分子会导致公民产生深深的恐惧和不安全感，他们经常会在毫无征兆的情况下袭击无辜的公民。公民面对此威胁时毫无防备，并且没有合适的机制来保护自己。最后，恐怖分子通过表明政府无力保护自己的公民来抹黑政府[1]。因此，这是各国政府所关心的一个重大问题。

执法机关需要重新思考如何解决恐怖主义造成的社会安全问题。科技被认为是强大的盟友。随着信息技术和通信技术的进步，获取关键的战术信息变得非常容易。我们可以从各种信息渠道和传感器中获得，如联网的高清晰度视频监控摄像机、卫星、无人机、个人设备（如移动电话和可穿戴设备）。如今，这些设备已经协同配合用于对抗威胁。然而，如何操作、处理和分析如此庞大且种类繁多的数据是一个挑战。比如，如何处理来自数千台摄像机的信息？如何理解传感器采集得到的特定信号的含义？由于手动分析或者半自动分析提取战略知识需要大量难以获得的人力资源，因此，它们不是可行的解决方案。当今世界，随着威胁的规模越来越大，我们需要多样混合安全解决方案。随着人工智能（Artificial Intelligence，AI）和深度神经网络（Deep Neural Networks，DNNs）技术的突破，机器提供人类水平的自动方案有了新思路。

以下是一些历史上的例子，如果当时就有人工智能技术的话，就可以避免悲剧发生。以2011年发生在英国伦敦的骚乱为例，数千人抢劫、纵火、引发城市骚乱，这种暴力传播导致多人死亡，基础设施也因此遭到重大破坏。在暴乱中，暴力嫌疑人的脸被遮住了。但其实，仍然可以通过“明显的兴趣区域或模式”（Distinctive Regions of Interest or Patterns，DROP）检索等技术依据纹身、标记和衣服等特征来识别暴力嫌疑人。事后分析发现，骚乱中，有几个暴力嫌疑人身上有明显的标志，他们曾与警察互动过，且有过治安处罚记录[2]。另一个悲剧是在2013年4月15日，当天是美国波士顿一年一度的马拉松比赛，两个自制的高压锅炸弹被引爆造成了大量的人员伤亡。三天后，警方才公布潜在嫌疑人的照片。其实，可以采用先进的图像分析技术在悲剧发生前就追踪爆炸者的可疑活动，比如识别背包或奇怪的行为。例如，有人与大多数人群中的人走的方向不同。举一个当地的例子，在2018年8月10日罗马尼亚布加勒斯特的反政府和平抗议活动中，个别暴力抗议者潜入人群，并设法煽动抗议活动，这引发了当局对人群不必要的暴力反应。自动的人群行为分析技术和人脸识别技术可以有效地识别肇事者，并将他们与其他人群区别开。

在此背景下，我们对人工智能反恐研究的最新进展进行概述，研究内容包括自动人和物的识别（eProfiler）、语音情报检索（eTalk）和虚假行为分析（eSeeming）。该研究是在罗马尼亚布加勒斯特理工大学校园研究中心的UEFISCDI

SPIA-VA研究项目期间进行的，UTI Grup和军事设备与技术研究机构是项目参与者，罗马尼亚保护警卫局是公共受益者。我们开发了一个分布式计算和数据安全加密的综合解决方案，它被部署在作战场景中。下文将介绍其主要功能。

ePROFILER

开发的第一个系统用于解决指定地区及周边的安全问题。该系统利用各种现有的视频监控摄像机网络，如室外、室内、全景PTZ、近距离等，自动分析存在的人员。它的设计是为了应对关键情况，如保护高级官员，或通过监视潜在嫌疑人和危险物品（被遗弃的行李、武器等）达到保护公民的目的。该系统集成了多个相互连接的模块。

物体检测和行人重检测模块

该模块由操作员输入一个人的单张图片，系统将检索摄像机的所有记录，检测这个人的存在，找到关于他的所有事件，回溯并发现他的行为。其中，识别模块可以根据身体特征和面部特征检索在不同视角、尺寸、特写、局部条件下，非常相似的姿势[6]。

检测器由三部分构成：

（1）相互连接的深度神经网络检测场景中的人。

（2）神经网络学习类间特征。

（3）鉴别网络学习类内特征。

该解决方案基于Inception[3]、DenseNet[4]和Resnet[5]等网络架构。相似的，神经网络也可以被训练成检测和识别场景中的物体，检索它们在摄像机上的所有出现。我们可以使用如Faster R-CNN[7]和Mask R-CNN[8]这样的网络架构，训练系统识别像行李和武器等潜在的有害物体。本实验在公开的数据集和特别开发的数据集上进行训练。图1给出了一个示例方案。

(a) 系统自动识别一个遗弃的背包，这代表了一个潜在的威胁

(b) 遗弃的包的图像可用于查找人遗弃包的那一刻

(c) 用这个人的图像来检索他所做过的事情，并揭示他的身份

图1　行人重识别与物体识别操作场景示例

暴力侦测模块

该模块实时分析来自摄像机网络的视频流，并使用时序深度神经网络来自动检测可能出现的肢体暴力时刻。它可以在暴力事件发生前几分钟就预测它的发生。比如，在真正的暴力事件发生前，人们互相推搡。该解决方案基于经典的内容描述符（如光流法[9]）和分类器（如支持向量机），以及通过VGG [10,11]和基于深度网络架构的后期融合方案。本实验可以在完全公开的数据集上进行训练，例如Demarty等人的工作[12]。

群体行为分析模块

与暴力侦测模块一样，该模块实时分析视频流，并自动评估人类行为：

（1）检测人群的形成。

（2）分析和检测人群的一些异常行为来预测潜在的事故或暴力事件。例如，暴力事件的发生伴随着小的或大的人群形成，人们奔跑或聚集起来的现象，根据以上特征可以分析人群中可能发生的有害事件。

该解决方案使用HoG特征[13]、支持向量机算法、人群的层次分析以及基于光流法的人群间的关系分析。本实验在城市发布的公共视频监控摄像头数据上进行训练。

eTALK

第二个系统可以进行情报收集。它使用麦克风记录定向或近距离的数据。当然，在无法录音或录音质量很差环境下（如嘈杂的室外），仍然依靠视觉信息系统。本算法基于罗马尼亚语设计。在关键场景中，它可以检索潜在嫌疑人的语音消息，例如某些袭击的计划和暴露的犯罪行动等。该系统集成了多个相互连接的模块。

语音识别

输入语音信息，该模块可以自动生成文本。本模块实现了检索和定位指定的文本关键词，从而检索音频信息。本算法针对罗马尼亚语开发，它使用Kaldi流水线提取语音特征，建模声学模型和语言模型，还使用了时延神经网络（如TDNN-LSTM[14]）辅助语音的建模[15]。本实验在SpeeDLab开发的罗马尼亚语数据集上进行训练。

语音搜索

本模块实现了文本搜索语音功能，它可以查找指定词汇或句子出现的时间。例如查找一个人何时提到了与威胁相关的名字或关键词（如炸弹、交通）。由于罗马尼亚语的语言构形非常多样，因此使用上文提到的语音识别模块来解决该问题。然后，就可以用文本搜索、动态时间规整和词根搜索等方法[16]来实现文本搜索语音的功能。图2是一个示例。

说话人识别与验证

与用视觉信息识别人的原理类似，本模块根据录音来识别人的身份[18,19]。我们为此开发了两个工具：

（1）说话人识别工具：根据声音识别人的身份。

（2）说话者验证工具：验证声音是否属于系统内的说话人。

以上工具可以精确定位说话人，并验证音频是否伪造，这在安全场景中非常有用。此方案基于SincNet[17]和增强的ResNet[5]网络结构实现。本实验在SpeeD Lab开发的大型罗马尼亚语料库上进行训练。

唇语识别

为了提防上述模块无法应对噪声过大和音频信息不可用的情况，我们开发了一个将唇动信息转化为文本信息的模块，即唇语识别模块。该模块基本上可以实现

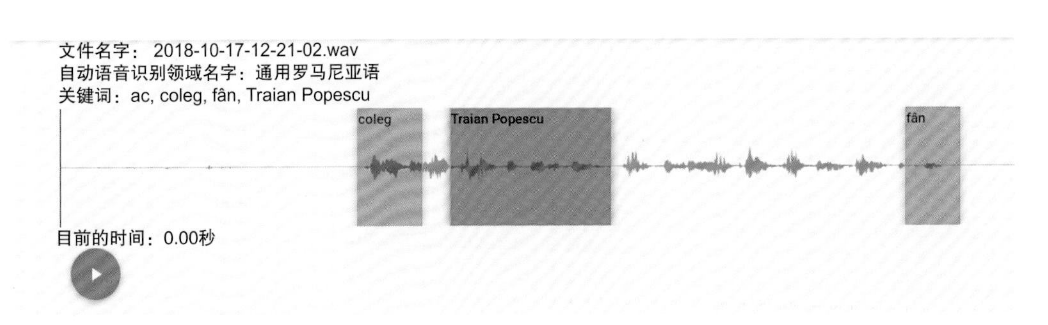

图2 罗马尼亚语语音搜索示例(信号是音频波，而横轴是时间)。每个单词都被自动识别和分割(时间戳)，识别成文本，并识别说话人身份(说话人识别)

在无音频信息的情况下，理解一个人在说什么。其算法分为两步：一是用神经网络对说话人的嘴唇进行定位，二是训练另一个神经网络识别特定于预定义单词对应字母的嘴唇动作。其方案基于ALR EF-3[20]、VGG-M[21]和Inception-V4[22]神经网络结构实现。由于缺乏罗马尼亚语的训练数据，多媒体实验室开发并公开了两个数据集，其中一个是互联网自然环境下的录音，另一个是在受控环境中录制的。

eSEEMING

最后一个系统针对访谈场景进行处理，即监听两个主体间讨论，获取战略信息。它基于隐蔽式麦克风和摄像机实现，系统可以检测对话者是否在说谎，以此辅助验证所获得的信息。该系统集成了两个相互连接的模块。

情感分析

该模块记录对话人的脸，利用视觉信息，对其情感状态进行分析。

（1）估计激活的面部单元。

（2）检测存在的面部表情。

（3）检测常见的情绪，如悲伤或快乐。

这些被集成用来评估对话人的掩饰行为。其方案是基于半监督和完全监督深度神经网络[23,24]，实验在公开的数据集上进行训练。同样，这样的想法也可应用于音频信号，部署算法对音频录音检测与情绪相关的波动。该解决方案涉及以下处理步骤：

（1）通过归一化和汉明窗口进行预处理。

（2）通过Gabor滤波器进行特征提取。

（3）通过DNNs（自动编码器和分类器）[25]学习包括愤怒、恐惧和冷漠的目标情绪。这些被集成用来评估对话人的状态。本实验在商业公开数据集上进行训练。

生理信号分析

最后一个模块用于实时评估对话讨论中人的生理信号变化（如心率和呼吸频率）。生理信号剧烈的变化可能表明情绪状态发生了重大变化，例如，当说谎或否认真相时，呼吸和心律很可能存在非典型模式，尤其是在诱发的中立状态发生转变的时候。本算法仅利用视觉信息。系统通过输入的对话人的脸部自动检测前额，然后通过使用体积描记法[26]进行频率分析，检测心率和呼吸节律的脉动。总而言之，我们开发了一套将AI技术应用于各种反恐操作场景的工具。受益于对每种情况的特定适应和应用最新的深度学习技术，性能上取得了成功，准确率可达到70%～99%。目前的系统原型技术准备水平为6。

致谢

这项工作得到了创新研究部的UEFISCDI SPIA-VA研究项目资助(http://campus.pub.ro/lab7/spiava/)，协议：2SOL/2017，授予：PN-III-P2-2.1-SOL-2016-02-0002，2017-2020。感谢以下团队对我们研究的支持（按字母顺序）：Mihai-Sorin Badea, Bogdan Boteanu, Corneliu Burileanu, Dragoș Burileanu, Horia Cucu, Mihai GabrielConstantin, Mihai Dogariu, Corneliu Florea, LauraFlorea, Alexandru Lucian Georgescu, Andrei Jitaru, Matei Șerban Mihalache, Andrei-Mircea Racovițeanu, Dan-Cristian Stanciu, Liviu-Daniel Ștefan, Constantin Vertan。

关于作者

Bogdan Ionescu 现任罗马尼亚布加勒斯特理工大学信息技术学院教授与校园研究中心主任。联系方式：bogdan.ionescu@upb.ro。

Marian Ghenescu 现任布加勒斯特UTI集团的视频产品经理和团队领导。联系方式：marian.ghenescu@uti.eu.com。

Florin Răstoceanu 现任军事装备技术研究局密码系统实验室的高级研究员和负责人。联系方式：frastoceanu@acttm.ro。

Răzvan Roma 现任罗马尼亚布加勒斯特保护和警卫服务部门项目管理和科学协调部门负责人。联系方式：roman.razvan@spp.ro。

Marian Buric 现任罗马尼亚布加勒斯特保护和警卫服务部门的IT&C专家。联系方式：buric.marian@spp.ro。

参考文献

[1] P. Wilcox, "Terrorism remains a global issue," White Paper, Homeland Security Digital Library, Accessed on: Mar. 2020. [Online]. Available: https://www.hsdl.org/?view&did¼3579

[2] C. A. Mitrea, T. Piatrik, B. Ionescu, and M. Neville, "Retrieval of distinctive regions of interest from video surveillance footage: A real use case study," in Proc. 6th IET *Int. Conf. Imag. Crime Prevention Detection*, 2015, pp. 1–6.

[3] C. Szegedy, V. Vanhoucke, S. Ioffe, J. Shlens, and Z. Wojna, "Rethinking the inception architecture for computer vision," in *Proc. IEEE Int. Conf. Comput. Vision Pattern Recognit.*, 2016, pp. 2818–2826.

[4] G. Huang, Z. Liu, L. Van Der Maaten, and K. Q. Weinberger, "Densely connected convolutional networks," in *Proc. IEEE Int. Conf. Comput. Vision Pattern Recognit.*, 2017, pp. 2261–2269.

[5] K. He, X. Zhang, S. Ren, and J. Sun, "Deep residual learning for image recognition," in *Proc. IEEE Int. Conf. Comput. Vision Pattern Recognit.*, 2016, pp. 770–778.

[6] C. A. Mitrea, Ș. Carat a, M. G. Constantin, L.-D. Ștefan, M. Ghenescu, and B. Ionescu, "Little-big deep neural networks for embedded video surveillance," in *Proc. 12th Int. Conf. Commun.*, 2018, pp. 493–496.

[7] S. Ren, K. He, R. Girshick, and J. Sun, "Faster R-CNN: Towards real-time object detection with region proposal networks," in *IEEE Trans. Pattern Anal. Mach. Intell.*, vol. 39, no. 6, pp. 1137–1149, Jun. 1, 2017, doi: 10.1109/TPAMI.2016.2577031.

[8] K. He, G. Gkioxari, P. Doll ar, and R. Girshick, "MASK R-CNN," in *Proc. IEEE Int. Conf. Comput. Vis.*, Venice, 2017, pp. 2980–2988, doi: 10.1109/ICCV.2017.322.

[9] T. Hassner, Y. Itcher, and O. Kliper-Gross, "Violent flflows: Real-time detection of violent crowd behavior," in Proc. *IEEE Int. Conf. Comput. Vision Pattern Recognit. Workshops*, 2012, pp. 1–6.

[10] K. Simonyan and A. Zisserman, "Very deep convolutional networks for large-scale image recognition," in *Proc. Int. Conf. Learn.*

Representations, San Diego, CA, USA, 2015, arXiv:1409.1556.

[11] S. Sudhakaran and L. Oswald, "Learning to detect violent videos using convolutional long short-term memory," in *Proc. IEEE Int. Conf. Adv. Video Signal Based Surveillance*, 2017, pp. 1–6.

[12] C. H. Demarty, B. Ionescu, Y. G. Jiang, and C. Penet, "Benchmarking violent scenes detection in movies," in *Proc. 12th Int. Workshop Content-Based Multimedia Indexing*, 2014, pp. 1–6.

[13] N. Dalal and B. Triggs, "Histograms of oriented gradients for human detection," in *Proc. IEEE Conf. Comput. Vision Pattern Recognit.*, 2005, pp. 886–893.

[14] V. Peddinti, Y. Wang, D. Povey, and S. Khudanpur, "Low latency acoustic modeling using temporal convolution and LSTMs," *IEEE Signal Process. Lett.*, vol. 25, no. 3, pp. 373–377, Mar. 2017.

[15] A.-L. Georgescu, H. Cucu, and C. Burileanu, "Kaldi-based DNN architectures for speech recognition in Romanian," in *Proc. Int. Conf. Speech Technol. Human-Comput. Dialogue SpeD*, 2019, pp. 1–6.

[16] C. Manolache, H. Cucu, and C. Burileanu, "Lemma-based dynamic time warping search for keyword spotting applications in Romanian," in *Proc. Int. Conf. Speech Technol. Human-Comput. Dialogue SpeD*, 2019, pp. 1–9.

[17] M. Ravanelli and Y. Bengio, "Speaker recognition from raw waveform with Sincnet," in *Proc. IEEE Spoken Lang. Technol. Workshop*, 2018, pp. 1021–1028.

[18] A.-L. Georgescu and H. Cucu, "GMM-UBM modeling for speaker recognition on a Romanian large speech corpora," in *Proc. Int. Conf. Commun.*, 2018, pp. 547–551.

[19] V. Andrei, H. Cucu, and C. Burileanu, "Overlapped speech detection and competing speaker counting—Humans versus deep learning," *IEEE J. Sel. Topics Signal Process.*, vol. 13, no. 4, pp. 850–862, Aug. 2019.

[20] J. S. Chung and A. Zisserman, "Lip reading in the wild," in *Proc. Asian Conf. Comput.* Vision, 2016, pp. 87–103.

[21] K. Chatfifield, K. Simonyan, A. Vedaldi, and A. Zisserman,"Return of the devil in the details: Delving deep into convolutional nets," 2014, *arXiv*:1405.3531.

[22] C. Szegedy, S. Ioffe, and V. Vanhoucke, "Inception-V4, inception-resnet and the impact of residual connections on learning," in *Proc. 31st AAAI Conf. Artif. Intell.*, 2016, pp. 4278–4284.

[23] A. Racoviteanu, M. Badea, C. Florea, L. Florea, and C. Vertan, "Large margin loss for learning facial movements from pseudo-emotions," in *Proc. Brit. Mach. Vision Conf.*, 2019. [Online]. Available: https//bmvc2019.org/wp-content/uploads/papers/0498-paper.pdf

[24] C. Florea, L. Florea, C. Vertan, M. Badea, and A. Racoviteanu, "Annealed label transfer for face expression recognition," in *Proc. Brit. Mach. Vision Conf.*, 2019. [Online]. Available: https://bmvc2019.org/wp-content/uploads/papers/0321-paper.pdf

[25] S. Mihalache, D. Burileanu, G. Pop, and C. Burileanu,"Modulation-based speech emotion recognition with reconstruction error feature expansion," in *Proc. Int. Conf. Speech Technol. Human-Comput. Dialogue SpeD*, 2019, pp. 1–6.

[26] K. Shelley and S. Shelley, "Pulse oximeter wave form: Photoelectric plethysmography," in *Clin. Monit.*, R. Hines, and C. Blitt, Eds., Carol Lake, W. B. Saunders Company, pp. 420–428, 2001.

（本文内容来自IEEE MultiMedia, VOL.27, APRIL–JUNE 2020） **MultiMedia**

6G 愿景：一个由 AI 引导的去中心化网络和服务结构

文 | Xiuquan Qiao　北京邮电大学网络与交换技术国家重点实验室
Schahram Dustdar　维也纳科技大学
Yakun Huang　北京邮电大学
Junliang Chen　北京邮电大学
译 | 涂宇鸽

近年来，随着 5G 网络的快速商业部署，下一代移动通信技术（6G）受到了全球研究人员和工程师越来越多的关注。6G 被设想为一个分布式、去中心、智能化的创新网络。但是，现有的应用配置仍然基于集中式服务结构，无处不在的边缘计算和分散 AI 技术尚未得到充分利用。在本文中，我们分析了现有集中式服务供应架构所面临的问题，并提出了分散网络的设计原则和未来 6G 网络的服务架构。最后，我们讨论了一些开放的研究问题，以启发读者解决它们。

由于全球5G网络的大量商用，潜在的6G技术引起了学术界和工业界的关注。尽管5G在通信性能方面已取得了显着改善，但在信息速度、多域覆盖、人工智能（artificial intelligence, AI）、安全性方面仍难以满足对更加智能的通信的需求[1]。最近，几个国家的政府启动了6G项目，以探索下一代移动通信网络的需求和关键技术。然而，现有的6G愿景和讨论主要集中在创新无线通信技术、移动边缘计算（mobile edge computing, MEC）和AI[2]上，并且缺乏对网络和服务提供机制的深刻而创新的见解。因此，有必要为未来6G网络中的破坏性服务供应机制创建蓝图。

随着5G网络的不断发展，6G有望成为具有原生AI和安全性的超宽带、超低延迟、全尺寸覆盖（陆地、空中、太空、海域）的无处不在的智能网络。6G将无缝集成通信、计算、控制、缓存、感测、定位、成像功能，以支持各种万物联网（Internet of Everything, IoE）的应用。与5G相比，6G将由“人-机-物”交互演变为“人-机-物-意识”交互[3]，成为高度自主和智能的生态系统。几种创新应用将成为现实，例如全息通信、脑波与机器的交互应用、触觉混合现实（mixed reality, MR）体验（包括视、听、嗅、味、触）以及高精度制造[4]。随着AI技术的不断成熟和相关硬件成本的迅速降低，越来越多的设备将具有本地AI功能，例如智能手机、AR / VR眼镜、智能手表、耳机、电视、扬声器、车载设备。根据用户的移动，这些无处不在的设备将动态自主地相互协作，以实现更好的用户体验。6G将是一个高度动态、自主、分散、智能的网络，其中网络节点自动进行动态协作，用户数据以分散的方式存储在网络中，服务按需迁移。这种全新的、无处不在的、分散的、AI驱动的扁平6G网络需要相应的全新分散服务提供机制。

但是，尽管MEC将计算推向了更靠近用户的位置，并且设备对设备（device-to-device, D2D）模型使距离相近的移动设备能够直接通信，但就数据存储和访问、服务运行机制以及所使用的应用协议而言，5G网络仍然是集中式的网络和服务供应架构。与4G网络相比，现有5G网络的服务供应机制没有太大变化。因此，我们需要设计一种新颖的服务供应机制，以适应未来6G网络分散化的巨大转变。

在本文中，我们首先解释了6G网络的分散趋势及其新特征。然后，我们分析并讨论了现有集中式服务供应所面临的问题。最后，我们为未来的分布式6G服务供应机制提出了一些设计原则，并讨论了与此新的分布式计算范例有关的开放性研究问题。

6G愿景及其新特征

尽管6G尚未成为全球共识的主题，但已经广泛讨论了一些潜在的新特征和趋势。在本节中，我们从多个角度介绍未来6G网络的全面愿景，如图1所示。

1. 网络覆盖视角

随着人类活动的扩展，现有的封闭式和垂直式专用网络和终端无法满足随时随地存在的移动通信需求。与以前的1G到5G网络不同，6G将以前所未有的方式把移动通信覆盖范围从地面扩展到空中、太空和海域。在6G时代，任何地方都将提供无处不在的、集成的、多维的、全覆盖的移动通信网络。一切（包括现实世界中的对象和虚拟世界中的数字对象）都将能够与其他所有事物连接，并且将基于这种全方位的连接性建立一个新的IoE分布式生态系统。

2. 能力融合视角

随着终端能力的增强、MEC基础设施[5]的大规模部署以及IoE的广泛应用，通信不再是6G网络的唯一目标。通信、计算、控制、存储、传感功能的融合将成为6G网络的新趋势。基于这些功能，越来越多的终端和网络节点将成

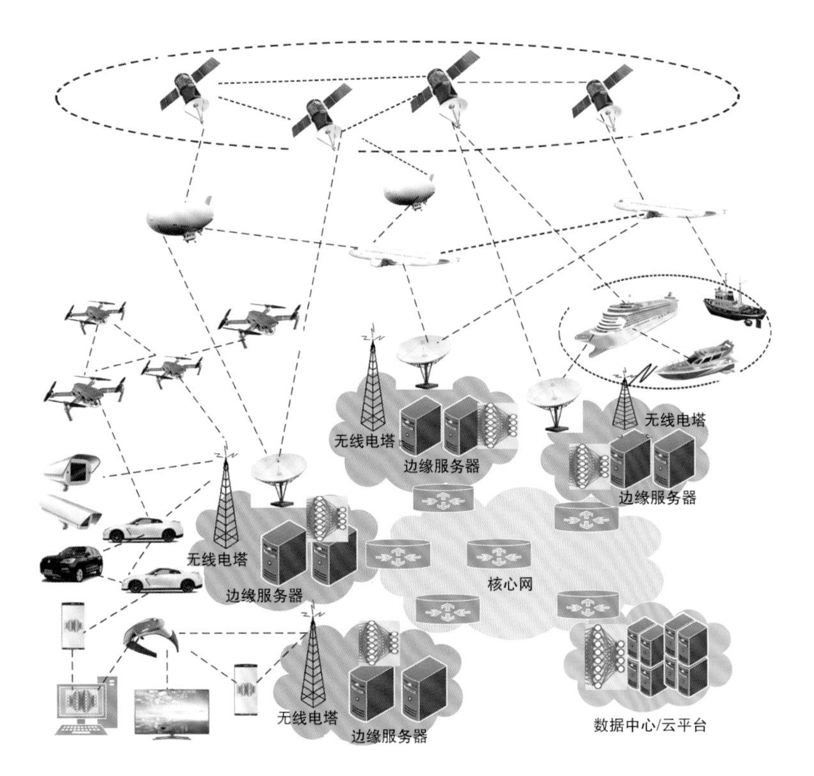

图1　6G愿景：集成的、无处不在的、智能的、去中心化的

为智能的自主信息处理实体，同时充当信息生产者和消费者。

3.交互空间视角

基于eMBB、mMTC、uRLLC的特征，5G已开始支持“人-机-物”交互，它们沟通了网络空间、物理空间和社会领域。6G将进一步加深和扩大互动空间。随着无线脑机交互（brain-computer interaction, BCI）技术的发展，基于意识的通信、控制的使用将创建新的应用场景。例如，脑机接口可用于与周围的智能设备（如XR眼镜、电视机、扬声器）进行交互。6G也将从当前的“人-机-物”互动发展为“人-机-物-意识”互动。现实世界和虚拟世界将完美融合在一起，增强现实（augmented reality, AR）/混合现实的时代即将到来[6]，物理和数字对象共存并实时交互（即双重世界）。

4.AI视角

在5G网络的初始设计阶段，AI技术还不够成熟，无法充当使能技术。但是，随着近年来大数据、云计算、神经网络、专用芯片技术的飞速发展，人工智能技术已开始以修补拼凑的方式应用于5G网络管理、智能手机和各种应用中。AI被认为是6G最具创新性的使能技术，它将成为从应用层到物理层的网络固有功能。在6G时代，具有各种AI功能的终端设备将与各种边缘和云资源无缝协作[7]。随着AI技术的成熟和AI硬件成本的降低，日常生活中使用的智能终端设备的数量将不断增加。分布式终端设备和网络节点之间的去中心协作式AI服务也将成为6G的趋势。

5.网络结构视角

几十年来，随着移动通信网络从1G升级到5G，它们已从封闭的专用网络逐渐发展为基于通用IT技术的开放融合网络。网络结构变得越来越扁平，用于每个网络功能的原始定制硬件设备已被通用IT设备和软件平台所取代。对于5G网络尤其如此，它充分采用了软件定义的网络、网络功能虚拟化和网络切片技术。在某种程度上，网络运营商可以在标准的大容量服务器、交换机、存储设备上灵活地使用不同的软件和进程，自定义不同的虚拟网络，以满足因不同的应用场景（如高带宽、低延迟、大量连接）产生的需求。此外，MEC和D2D通信技术促进了计算和服务处理能力从云平台到网络边缘的迁移[8]。随着智能用户和网络设备能力的增强，边缘或雾计算将变得与云计算一样重要。越来越多的本地通信集群将动态、自主地形成，应用将被直接、本地化处理。网络边缘将高度去中心化，承担核心网和云平台的某些功能。在此模型中，网络边缘不再只是接入网络，而是包括大量无处不在的自主局域网，可以集成通信、计算、控制、存储、传感功能。网络边缘和核心网将具有更多的对等结构，总而言之，网络结构将更加扁平和灵活。

6. 应用架构视角

基于以上分析，可以看出6G将是一个无处不在、分布式、去中心化、智能化的创新网络。现有的应用供应架构主要采用B/S或C/S架构，它们最初是为集中式网络设计的。其客户端通常与集中、特定的应用服务器和数据库服务器进行交互，以处理用户请求。然而由于5G网络的长期发展，6G将变得更加分散。因此，6G的应用供应架构也将发生重大变化，以适应这一转变。在未来的6G网络中，对等网络和自组织网络将变得更加普及和流行，当前基于云的无服务器应用供应架构将逐渐向分散的对等应用供应架构发展。用户数据将存储在去中心化的对等网络上，业务处理逻辑将分为无状态和独立的细粒度服务，这些服务可以按需迁移并在任何网络节点上运行。

现有集中式应用提供机制和相关问题

上述6G愿景及其新特性与现有5G和4G移动网络明显不同，因此我们有必要分析和讨论当前集中式服务供应所面临的问题。经过40年的发展，现有的集中式应用供应架构已逐渐变得不适合6G的应用开发需求。

1.B/S或C/S应用结构的局限性

大多数现有应用都采用B/S或C/S应用供应结构，该结构最初是为瘦客户端和强大服务器时代设计的。用户设备和边缘/云服务器之间的协作提供了一个应用。在集中式结构中，应用高度依赖于专用的云服务器，信息存储和业务逻辑全部由服务器提供。这种结构导致服务器端的高计算、存储和带宽成本。随着5G中MEC的出现，现在我们可以将其中一些应用功能转移到边缘服务器，并且开发“终端+边缘+云”协作计算架构。但是，5G应用才刚刚开始支持分布式计算，更不用说分布式计算模型了。随着硬件和软件的重大进步，6G终端的能力将得到进一步提高，一些任务将由本地用户终端或与周围设备和边缘/云服务器协作来处理。因此，有必要探索一种新的应用架构来支持这种无所不在的分布式计算范式。

2. 集中式数据模型的缺点

在现有的集中式应用结构中，数据通常存储在特定的云服务器或终端设备中，并缓存在边缘服务器或CDN网络上。数据的存储和访问均由雅虎、脸书、YouTube等集中机构控制。这种集中式数据模型会导致一些潜在的问题，如审查、隐私、数据泄漏、数据控制权等。例如，如果中心点被黑客入侵，则整个用户数据库都将面临风险。另外，集中管理机构的信任问题经常受到挑战。实际上，某些互联网服务提供商出于个人利益使用数据，例如将其出售给广告公司，这意味着用户数据的隐私和安全性没有得到很好的保护。

3. 端到端应用协议

由于大多数现有的应用协议使用了集中式数据存储和服务操作机制，因此它们都是基于端到端通信模型而不是对等模型，客户端请求需要路由到专用的应用服务器进行处理。现有的应用协议（如HTTP）最初是为B/S或C/S应用体系设计的，不适用于这种新的动态的、机会主义的连接形式，也不适用于6G网络无处不在的边缘和分布式计算范式。在6G时代，应用协议将使无处不在的分布式网络上的对等数据访问和服务协调成为可能。

4. 用户数据与特定应用的紧密耦合

随着移动互联网的快速发展，越来越多的人依靠雅虎、谷歌、脸书、推特、微信等少数互联网巨头提供的服务。信息的集中化变得更加明显，一些互联网寡头逐渐将服务和内容聚合在一起。这种集中式信息组织模型创建了许多信息孤岛，在这种范式中，用户无权控制其数据。用户数据与特定应用紧密结合，由于商业竞争，跨应用的数据利用率通常受到限制。这些集中的信息孤岛逐渐成为阻碍信息自由传播的障碍。

5. 集中式AI的缺点

近年来，由于强大的云计算能力和大数据的发展，AI变得越来越普遍。但是，现有的AI主要使用集中式应用模型进行组织。更具体地说，大量的训练数据集对企业而言是非常宝贵的资产。训练数据集以及模型的创建和训练也由少数大型组织控制，大公司可以访问带有标签的大型数据集，与小公司之间的差距扩大了。同时，模型训练的集中化要求将数据从终端设备传输到云服务器，这通常会导致较高的传输和计算成本，并带来用户隐私保护问题。此外，当前的AI模型使用集中式操作模型，始终部署在云/边缘服务器或终端设备上，无法有效利用如无处不在的分布式网络节点之类的资源。

6G的分布式应用供应架构

去中心化应用供应机制

基于以上分析，我们希望6G中的应用供应机制将从现有的集中式应用机制显著改变，如图2所示。下面介绍未来的分布式6G应用供应机制的一些设计原则。

（1）分散式无服务器计算架构：在未来的6G网络中，网络节点的通信、计算和存储功能将得到极大增强。消除了传统的客户端 - 服务器边界，每个网络节点（包括各种终端、基站、网关、路由器、服务器等）不仅将充当信息发布者，还将充当信息消费者。6G将实现网络基础设施的去中心化，整个网络将成为服务运行环境。基于微内核的分布式操作系统将盛行起来，自适应地部署在各种类型的硬件上，包括智能手机、AR/VR眼镜、智能显示器、可穿戴设备、车载娱乐系统和其他物联网设备。服务环境将从现有的云基础设施逐步扩展到网络边缘和无处不在的终端设备。总体业务逻辑将由多个细粒度的微服务组成，这些不会部署在专用服务器上，能够根据需要迁移到

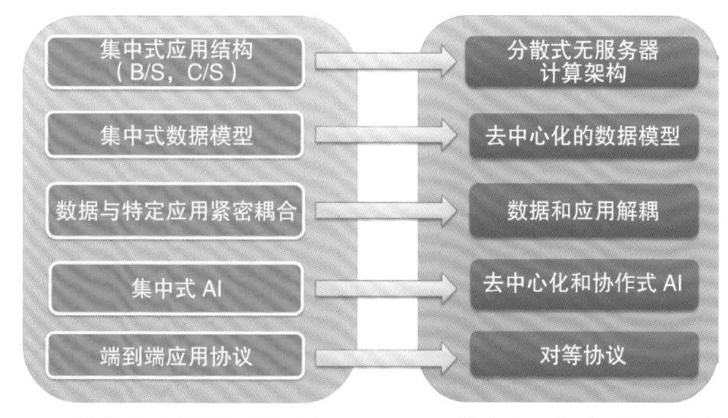

图2　6G去中心化应用供应的演变

任何网络节点。前端客户端应用将解析应用的描述文件，并直接调用相关的服务组件。

（2）去中心化的数据模型：随着边缘/雾计算的大规模部署，我们现在可以建立无处不在的分布式存储基础设施，以解决现有集中式云存储模型所面临的问题。与集中式数据模型相比，数据将不再存储在特定的服务器上，而是分布在对等网络上。这种分散的数据模型具有更大优势，如有效拓展性、可靠性、隐私性、数据不变性。由于所有数据都分布在不同的网络节点之间，分散数据网络可以更好地承受节点之间分布的大量用户请求，因为这些请求的压力不再落在少数计算机上，而是落在整个网络上。该方案还可以更有效地应对DDoS攻击。此外，分散的数据模型可以减少对特定互联网巨头的基础设施的依赖，促进移动互联网的去中介化。

（3）数据和应用解耦：为了将数据控制权返给用户本身，有必要将用户数据与特定的筒仓应用解耦。在未来的6G网络中，视频、社交媒体帖子、健康数据、跟踪信息等用户生成的数据将完全由用户自己控制。这些数据将存储在分散的P2P网络中，用户有权在其中授权某些应用来操纵其数据，并决定与哪些用户共享这些数据。这种新机制将促进不同应用之间的信息共享和传播。例如，用户的个人资料信息可以由不同的应用共享，从而避免了每个应用系统都需要保存用户信息副本的麻烦。此方案还可以避免第三方应用提供商泄漏数据。

（4）去中心化和协作式AI：在6G时代，每个网络节点都可以存储和处理数据，并可以与其他环境设备进行自动通信和无缝交互。随着无处不在的计算基础设施的发展，现有的集中式AI将逐渐演变为去中心化和协作的模型。和将所有数据样本都上传到专用云服务器的传统集中式AI相比，去中心化方法将在多个分布式边缘设备或具有本地数据样本的服务器上训练模型；这个过程不共享数据，而是仅以一定频率在本地模型之间交换参数以生成全局模型。这种方法可以有效地避免传输和集中存储训练数据，还可以解决一些关键问题，例如数据隐私、数据安全性、数据访问权限和数据的异构性。此外，借助轻型模型技术的进步，我们可以将AI模型部署在从移动电话到大量IoT设备的任何设备上。在这种类型的分散网络中，人工智能能够在本地设备上运行、训练甚至决策。多个网络节点的自主协作由一组分布式智能代理控制，这些智能代理将能够解决复杂的计划和决策问题。

集中式和去中心化应用解决方案的比较

在图3中，我们以移动搜索应用为例来说明现有集中式和去中心化应用供应机制的重大变化。

图3（a）显示了现有的集中式谷歌移动搜索应用机制。可以看出，该应用主要是通过移动浏览器和专用云应用服务器之间的协作来处理的，网络仅负责信息的传输。当用户输入谷歌URL时，移动浏览器将使用DNS服务查询与该URL对应的IP地址，并将网页请求发送到谷歌的专用云服务器，后者返回搜索页面。用户输入了一些搜索内容（在此示例中为《泰坦尼克》）后，浏览器会将此搜索HTTP请求发送到谷歌搜索服务器，后者会生成结果页面。然后，用户可以单击链接以在YouTube网站上播放《泰坦尼克》。浏览器将从YouTube云服务器或附近的CDN网络获取内容。

与这种现有的集中式机制相比，去中心化机制在数据存储、

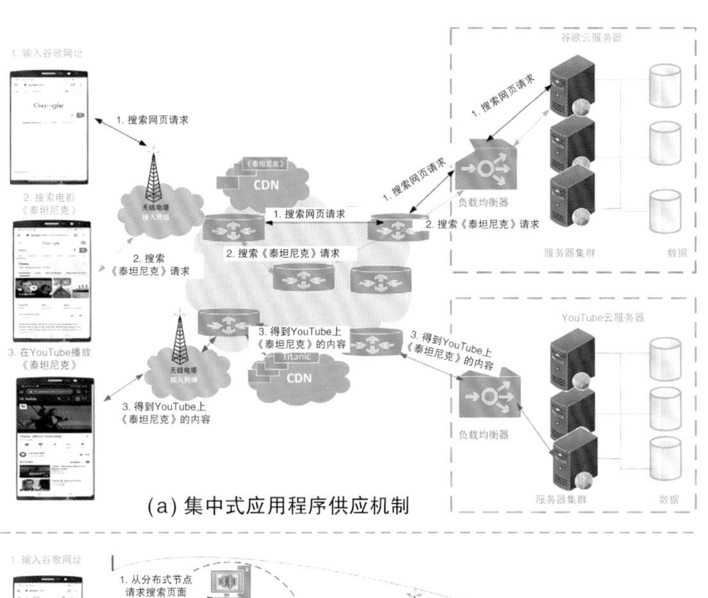

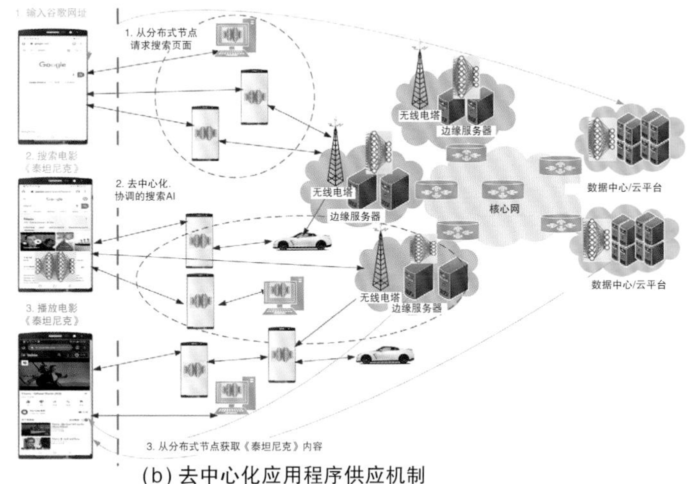

图3　现有集中式和将来去中心化应用供应方法间的差异

服务器结构、所使用的通信协议方面将有很大的不同，如图3（b）所示。此机制没有专用的云应用和数据库服务器，整个网络充当去中心的通信、计算和存储基础设施。浏览器将使用分布式哈希表从点对点的分布式文件系统中获取搜索网页。网页片段可能位于附近的手机、个人电脑、边缘或云服务器节点上。用户输入搜索内容《泰坦尼克》后，AI增强的浏览器可以使用轻量级的AI模型进行自然语言处理，从而自行处理和分析搜索输入，并与使用环境增强型AI的设备协作以生成搜索结果页面。当用户单击搜索结果页面中的YouTube链接时，媒体播放器将从分布式对等网络中获取内容段。

结论及尚未解决的未来研究问题

分散化已成为未来6G网络的可能趋势。在本文中，我们主要关注6G时代应用供应机制的潜在破坏性变化。通过分析现有集中式基础设施所面临的问题，我们提出了一些针对未来6G网络的去中心化应用供应机制的见解。

但从这个角度来看，目前为止还没有关于6G的全面讨论。有一些问题尚待解决，我们在这里描述这些问题，以便为读者提供解决这些问题的灵感。

1.普遍计算的去中心化操作系统

针对6G的IoE应用场景，我们有必要为动态、自主、协作的网络开发一个去中心化的操作系统，从而有效实现对等通信、分布式数据存储和访问、按需迁移和部署服务、灵活适应异构设备（如服务器、移动电话、电视机、车载系统和其他IoT设备）。

2. 去中心化AI的集体决策

去中心化AI已成为下一阶段AI的最有希望的趋势之一。借助D2D和MEC，分布式网络节点之间的分布式和协作式AI服务将成为6G的重要支持技术。如何在分布式节点上集成这些分散的AI功能、找到最佳服务组合、为用户提供最佳体验，这个问题值得深入研究和探索。这将涉及多个智能代理间的协调以及由多个智能代理进行的决策，因此构成了集体决策问题。

3. 去中心化网络和服务模型的破坏性影响

去中心化模型将对现有应用供应机制的业务模型、产品、服务和生态系统角色产生破坏性影响。它将不可避免地削弱中央实体的权威，影响现有互联网巨头的商业利益。同时，这也将影响电信网络运营商的基础设施治理。在未来的6G生态系统中，如何有效激活和协调多个利益相关者（个人用户和其他企业）参与网络资源供应，是一个新出现的问题。因此，我们有必要探索对网络基础设施运行的潜在重大影响。C

关于作者

Xiuquan Qiao 现任北京邮电大学网络与交换技术国家重点实验室教授。主要研究兴趣是5G/6G网络、增强现实技术、边缘计算、服务计算。联系方式：qiaoxq@bupt.edu.cn。

Yakun Huang 现为北京邮电大学博士生。联系方式：hyk_it@foxmail.com。

Schahram Dustdar 现任计算机科学（信息学）全职教授、维也纳科技大学分布式系统小组负责人，专注于互联网技术。欧洲科学院成员、IEEE会士。联系方式：dustdar@dsg.tuwien.ac.at。

Junliang Chen 现任北京邮电大学教授。中国科学院和中国工程院的成员、IEEE高级会士。联系方式：chjl@bupt.edu.cn。

致谢

这项工作得到了国家重点研究和开发项目的资助（2018YFE0205503）。

参考文献

[1] Z. Zhang et al., “6G wireless networks: Vision, requirements, architecture, and key technologies,” *IEEE Vehicular Technol. Mag.*, vol. 24, no 40, pp. 28–41, Sep. 2019.

[2] K. B. Letaief et al., “The roadmap to 6G: AI empowered wireless networks,” *IEEE Commun.Mag.*, vol.57, no.8, pp.84–90, Aug.2019.

[3] P. Zhang et al., “Technology prospect of 6G mobile communications,” *J. Commun.*, vol. 40, no. 1, pp. 141–148, 2019.

[4] B. Zhang et al., “6G technologies: key drivers, core requirements, system architectures, and enabling technologies,” *IEEE Vehicular Technol. Mag.*, vol. 14, no 3, pp.18–27, Sep. 2019.

[5] M. Gusev and S. Dustdar, “Going back to the roots—The evolution of edge computing, an IoT perspective,” *IEEE Internet Comput.*, vol. 22, no. 2, pp. 5–15, Mar./Apr. 2018.

[6] X. Q. Qiao et al., “Web AR: A promising future for mobile augmented reality—State of the art, challenges, and insights,” *Proc. IEEE*, vol. 107, no. 4, pp. 651–666, Apr. 2019.

[7] X. Wang and Y. Han, “In-edge AI: Intelligentizing mobile edge computing, caching and communication by federated learning,” *IEEE Netw.*, vol. 33, no. 5, pp. 156–165, Sep.–Oct. 2019.

[8] X. Q. Qiao et al., “A new era for web AR with mobile edge computing,” *IEEE Internet Comput.*, vol.22, no.4, pp.46–55, Jul./Aug. 2018.

（本文内容来自IEEE Internet Computing VOL 24. JUL/AUG 2020） Internet Computing

基于区块链的自我主权身份中设计模式即服务的应用

文 | Yue Liu　中国石油大学（华东）
Qinghua Lu　CSIRO 和新南威尔士大学
Hye-Young Paik　新南威尔士大学
Xiwei Xu　CSIRO 和新南威尔士大学
Shiping Chen　CSIRO
Liming Zhu　新南威尔士大学
译 | 杨依娜

目前基于区块链的自我主权身份（self-sovereign identity，SSI）系统的系统架构设计太少，无法支持有条理的发展。我们呈现了一个 SSI 平台，该平台提出了设计模式即服务的概念。我们也实现了一个原型，并对其可行性和可扩展性进行了评估。

实体（即个人或组织）的合法身份被定义为该方的一组属性（例如其名称）。身份管理包括维护不同的属性数据和控制对这些信息的访问，这是数字化世界所本质需要的。在身份管理中，有三个关键角色：持有者（holder）、颁发方（issuer）和验证方（verifier）。身份持有者是指在特定系统中注册与某些属性数据相关联的标识符的实体。凭证（credential）是指针对与持有者相关的某些身份属性数据（如出生日期）和事实（如文字稿）的可验证声明，该认证由凭证颁发方进行认证并签发数字签名。身份验证方是一个能够向受信任的发证方请求特定凭证，并通过发证方的签名来验证该凭证真实性的实体。

大多数现有的身份管理解决

方案都需要一个中心化的权限来进行属性注册或凭证验证。例如，X.509证书[1]需要受信任的权限来维护名称和相应公钥之间的映射。Pretty Good Privacy[2]作为一个相对去中心化的方案，需要依赖互联网公司所分配的名称和号码来分配域名。因此，持有者往往不能完全控制其身份数据，而这些数据可能会在不知情的情况下被泄露或损害，比如Aadhaar数据泄露[3]。

自我主权身份（self-sovereign identity，SSI）是一种新兴的身份管理范式，它使实体能够真正拥有其特有的数据，并在不涉及任何中介的情况下控制信息的使用。由于SSI不需要第三方（该属性与区块链的设计本质相一致），因此被视为区块链技术的“杀手级应用”之一[4]。万维网联盟（the World Wide Web Consortium，W3C）最近发布了一项利用区块链实现SSI的设计指南，其中他们提供了一个去中心化的公钥基础架构，以通过W3C去中心化标识符(decentralized identifiers，DIDs)在没有任何中介的情况下唯一地注册实体[5]。身份凭证可以按照W3C可验证凭证数据模型[6]进行设计。

许多组织目前正在探索如何利用区块链来构建SSI解决方案，例如uPort[7]、Sovrin[8]和Blockstack[9]。在SSI应用程序的设计和开发方面也有学术著作[10~12]。Soltani等人[11]构建了一个SSI框架，使用区块链来完成用户注册登记。Takemiya和Vanieiev[12]提出了一种基于区块链的协议，用于存储加密的个人信息和共享可验证的声明。但是，基于区块链的SSI系统缺乏系统的体系结构设计，这也在目前可用的解决方案中得以证明。此外，当前的解决方案被认为是粗力度的，并且可能导致实现时可扩展性减小以及数据安全性降低，比如凭证的访问控制不足。

大多数现有的身份管理解决方案都需要一个中心化的权限来进行属性注册或凭证验证

因此，在本文中，我们首先确定三个主要的SSI对象（即密钥、标识符和凭证）的生命周期，其中的状态转换与我们认为对SSI应用开发至关重要的细粒度设计模式相关联。生命周期以及设计模式注释提供了以SSI为中心的系统交互视图，并提供了有效使用设计模式以提高数据安全性和系统可扩展性的指南。此外，基于设计模式和生命周期，我们提出了一种SSI平台体系结构，该体系结构支持设计模式即服务（design pattern as a service，DPaaS）的思想。该平台由从密钥管理到凭证验证的一整套SSI服务组成，并由两类操作构成，即常规服务和设计模式服务。特别是在每个设计模式服务中，我们将其各自的设计模式代码封装和包装为应用程序编程接口（application programming interface，API），以便可以轻松地将模式的设计原则和好处纳入应用程序开发中。最后，我们实现了一个概念证明原型，并从可行性和可扩展性对其进行了评估。结果表明，该方法是可行的，且具有灵活的性能。

SSI对象的生命周期

图1展示了三个主要对象（即密钥、DID和凭证）的生命周

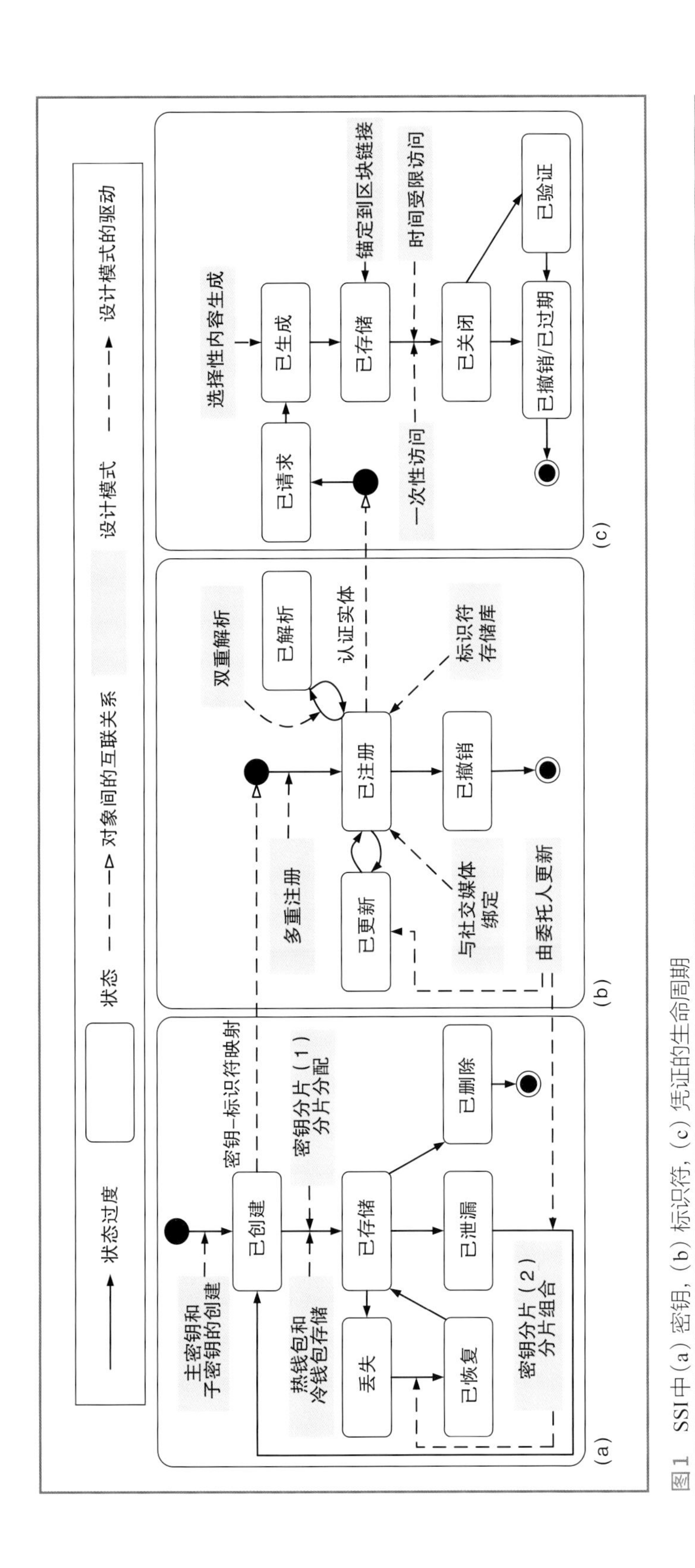

图1　SSI中（a）密钥，（b）标识符，（c）凭证的生命周期

期，以及它们在SSI中的互连关系。该图还突出了我们的SSI设计模式，将它们与生命周期中的相关状态和过渡相关联。由于篇幅所限，我们在下面描述了生命周期，Liu等人[13]描述了模式细节。

（1）密钥的生命周期：密钥的生命周期在为实体创建密钥对时开始。一旦形成，密钥对可以存储在实体偏好的任何位置。如果私钥丢失或损坏，则可能之后会被恢复或被替换为新的私钥。如果实体不再需要密钥对，则也可以将其删除。

（2）标识符的生命周期：使用已创建的密钥在区块链上注册DID是DID生命周期的开始。每个DID都映射到区块链帐户的公钥以确保唯一性，并且链接到DID文档（DID document，DDO），该文档指定了公共密钥、身份验证协议和服务端点。实体通过解析每个参与方的DID，获取其各自的DDO，并使用DDO中保留的公钥来验证参与者的身份，从而建立信任关系。一旦DID被注册，其相关DDO中包含的详细信息就可以被更新。如果一个DID的所有者不再需要相应身份，则也可以将其撤销。

（3）凭证的生命周期：凭证

生命周期的开始是由验证方发送的请求触发的。持有者接受请求并将凭证要求发送给发证方。发证方生成必要的凭证并对其签名。持有者收到凭证并将其告知给验证方。验证方可以通过检验发证方的签名来确保凭证的真实性。该凭证可能会过期，过期后它就不能再被验证方访问，或者当不符合相关规则时发证方也无法将其撤销。

SSI 的 DPaaS

在本节中，我们介绍了SSI的DPAAS平台体系结构。图2说明了整个三层体系结构：服务层、链下（off-chain）数据层和链上（on-chain）数据层。服务层由密钥服务、DID服务和凭证服务组成。服务分为常规和设计模式两类。前面讨论的每种设计模式的代码均已实现，包装为API并作为服务交付，以促进系统开发并提高安全性和可扩展性。

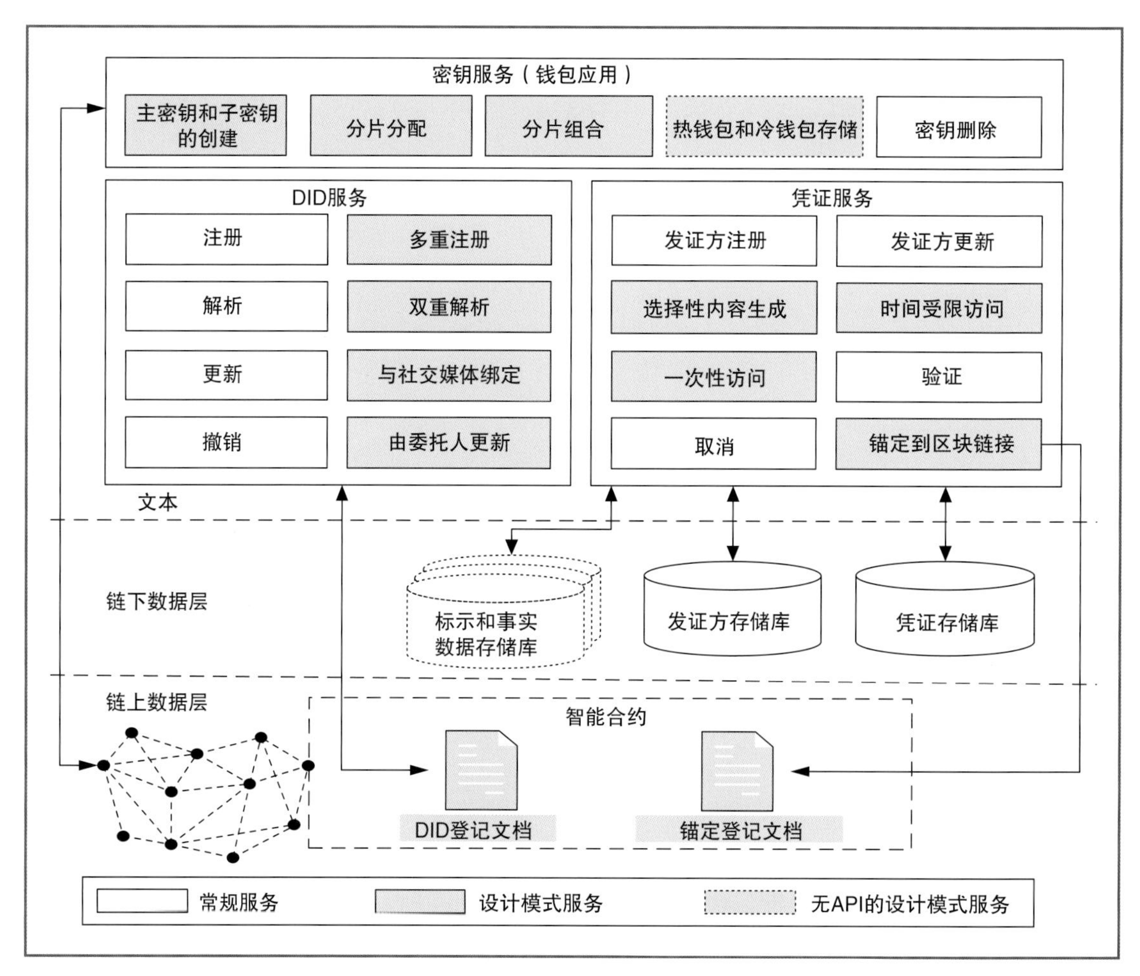

图2　SSI的DPaaS平台的体系结构

密钥服务

密钥管理相关的服务由钱包应用程序提供。用户（即实体）需要创建至少一个区块链账户，其中包含用于发送/签名事务以及注册DID的密钥对。为了保护隐私并避免密钥泄漏，可以通过主密钥和子密钥生成来创建多个密钥对，以分割管理密钥（即主密钥）和签名密钥（即子密钥）。主密钥用于创建/管理实体拥有的所有身份，而子密钥则用于为代表不同身份的每个账户签署事务。一旦一个子密钥被泄露，则可以使用主密钥用一个新的子密钥来更新密钥/DID映射。为了恢复丢失的私钥并避免丧失对相应区块链帐户的控制权，分片分配（shard distribution）将输入的私钥分成用户定义的数量，而分片组合（shard combination）则在输入密钥片段数量超过设定的阈值时重建私钥。

创建密钥对后，用户可以通过热钱包和冷钱包存储，选择将密钥存储在在线钱包应用（即热钱包）中，或者手动将其写在纸上（即冷钱包）。与热钱包相比，冷钱包更安全，因为其不联网的性质可以保护它们免受对抗性的网络访问，但它们使用起来不那么方便。当不再需要密钥对时，可以通过密钥删除将其删除。

DID 服务

平台中的每个DID都与一个区块链帐户的密钥对相关联，以确保其唯一性。用户可以使用其区块链账户通过注册产生DID，也可以通过多重注册产生多个DID。多重注册使每个密钥对能够一对一记录实体拥有的每个身份的DID，从而避免事务相关性引起的隐私泄露。

为了确保身份数据的完整性并解决区块链的可扩展性问题，区块链上创建了一个轻量级身份注册表作为智能合约，该合约仅维护已注册的DID以及相关描述（即DDO）之间的映射。有关持有者的身份数据和事实存储在由各自发证者托管的链下身份和事实数据存储库中（因为我们关注合法身份）。通过在DDO中创建一对一的映射记录，已注册的DID可以与社交媒体建立关联。这种关联提高了社交媒体资料的可信度以及所涉及的基于区块链的身份的可信度。

通过解析操作获取DDO，可以获得DID相应的公钥和服务端点。双重解析可以通过扩展解析操作使双方与单个操作建立相互信任关系。用户输入两个参与方的DID并调用双重解析，通过该操作，双方就可以获取彼此的DDO。为了避免操纵DDO，仅允许DID所有者更新各自的DDO，这是通过更新完成的。

当用户的区块链帐户的私钥被泄露时，预先注册在DID注册表中的更新委托人可以投票表决，来通过代理人执行的更新将DID的被泄露的密钥替换为新的安全密钥。DID可以被撤销（比如发证方的组织被解散），其方法是通过撤销来删除关联的DDO并将DID登记处的智能合约中的该DID标记为已撤销。

凭证服务

身份标识通过凭证服务进行维护。要成为有效的发证方，实体需要首先通过发证方注册进行注册，这需要获得超级账户（即平台所有者）的批准。所有已认证的发证方的DID都保存在发证者存储库中，超级账户可以通过发证者更新对其进行更新。这一设计可以以去中心化的方式进一步调整，即通过让超级发证者注册并维护一个新的发证者。

为了生成具有更高安全级别的新凭证，持有者需要首先将强制性认证内容要求发送到发证者的服务端点。然后，发证者触发选择性内容生成，从本地标识和事实数据存储库中获取相关数据，并以JavaScript对象标记（JavaScript Object Notation，JSON）格式生成带有签名的凭证。一旦凭证存储在存储库中，平台就会生成一个 JSON 网络令牌（JSON web token，JWT）并将其发送给发证者。每个JWT都用于识别和访问一个凭证。凭证和JWT都由发证者发送到持有者的服务端点。

一旦收到凭证和JWT，持有者就可以与各自的验证者共享它们。为了避免恶意的数据泄露，持有者可以通过限制时间访问或一次性访问来限制凭证的可访问期限。根据可访问时间，可以为凭证生成JWT。凭证和JWT都会作为新记录被添加到凭证存储库中。当持有者使用一次性访问时，在凭证被获取后会更新准许状态标志。持有者将带有所选访问时间的凭证及其相应的JWT发送给身份验证者，然后由验证者验证该凭证。平台对JWT进行解码，并检查访问时间是否已到期以及访问标志是否为false。如果访问期限有效，则使用输入的凭证和签名检查凭证的真实性和完整性，以进行验证。

为了避免恶意的数据泄露，持有者可以通过限制时间访问或一次性访问来限制凭证的可访问期限

如果持有者不再满足先决条件，则发证方可以通过取消操作来撤销现有凭证。任何已撤销/已过期的凭证都无法被访问。通过锚定到区块链（该区块链定期将数据的哈希值存储在锚定的注册表的智能合约相应的链下归档中），可确保存储在凭证存储库、身份和事实数据存储库以及发证者存储库中的数据的完整性。

我们使用Node.jsv.10开发了一个原型，并通过express.js将服务封装到了具有代表性的状态传输API中。我们选择My Structured Query Language 5.7.17作为数据库，并选择具有授权证明的Parity 1.9.2作为区块链。区块燃料限制（the block gas limit）为8000万，区块生成时间（the block interval）为5秒。智能合约采用编译器v.0.4.20.的Solidity。

为了评估性能，我们测量了注册和时间受限访问的吞吐量。我们将原型部署在阿里云上（四个虚拟CPU，16 GB的随机访问内存和40 GB的磁盘）。API请求设置为20calls/batch，并耗时1小时由Java Meter生成。图3说明注册约为70 transactions/s，而受时间限制的访问保持在200 transactions/s左右。整个持续时间内性能的变化可能是由负载生成器引起的。固定的块生成时间和有限的块容量会导致每个块产生内部延迟，从而影响注册的吞吐量。选择性内容生成和一次性访问的性能与时间受限访问的性能相似。此外，我们还使用1000个凭证对区块链测试了1000次的锚定操作。响应时间约为 0.284 s。总体而言，结果表明我们的凭证在组织层面的应用实现了可扩展的性能。

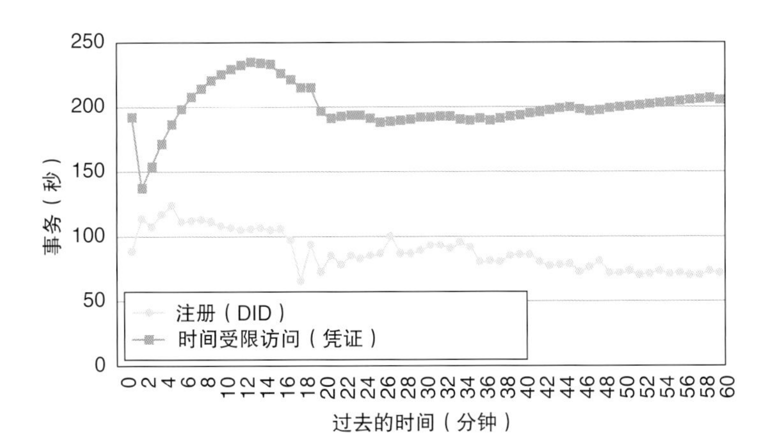

图3 性能评估

参考文献

[1] International Telecommunication Union, "X.509: Information technology–open systems interconnection–the directory: Public-key and attribute certificate frameworks," 2008. [Online]. Available: https:// www.itu.int/rec/ T-REC-X.509

[2] J. Callas, L. Donnerhacke, H. Finney, D. Shaw, and R. Thayer, "OpenPGP message format," Internet Engineering Task Force, Fremont, CA, 2007. [Online]. Available: https://tools.ietf .org/html/rfc4880

[3] N. Pahwa, "#AadhaarLeaks: A list of Aadhaar data leaks," Medianama, Apr. 24, 2017. [Online]. Available: https://www.medianama.com/2017/ 04/223-aadhaar-leaks-database/

[4] M. Swan, *Blockchain: Blueprint for a New Economy*. Sebastopol, CA: O'Reilly Media, 2015.

[5] D. Reed, M. Sporny, D. Longley, C. Allen, R. Grant, and M. Sabadello, "Decentralized identifiers (DIDs) v1.0: Core architecture, data model, and representations," World Wide Web Consortium, Cambridge, MA, 2020. [Online]. Available: https:// w3c-ccg.github.io/did-spec/

[6] M. Sporny, G. Noble, D. Longley, D. C. Burnett, and B. Zundel, "Verifiable credentials data model 1.0: Expressing verifiable information on the Web," World Wide Web Consortium, Cambridge, MA, 2019. [Online]. Available: https://www.w3.org/TR/ verifiable-claims-data-model/

[7] uPort. Accessed on: May 6, 2020. [On- line]. Available: https://www. uport.me/

[8] Sovrin. Accessed on: May 6, 2020. [Online]. Available: https://sovrin. org/

[9] Blockstack. Accessed on: May 6, 2020. [Online]. Available: https:// blockstack.org/

[10] W. Gräther, S. Kolvenbach, R. Ru- land, J. Schütte, C. Torres, and F. Wendland, "Blockchain for education: Lifelong learning passport," in *Proc. 1st ERCIM Blockchain Workshop*, 2018. doi: 10.18420/ blockchain2018_07.

[11] R. Soltani, U. T. Nguyen, and A. An, "A new approach to client onboarding using self-sovereign identity and distributed ledger," in *Proc. IEEE 2018 Int. Congr. Cybermatics*, pp. 1129–1136. doi: 10.1109/ Cybermatics_2018.2018.00205.

[12] M. Takemiya and B. Vanieiev, "Sora identity: Secure, digital identity on the blockchain," in Proc. *2018 IEEE 42nd Annu. Computer Software and Applications Conf.* (COMP-SAC), pp. 582–587. doi: 10.1109/ COMPSAC.2018.10299.

[13] Y. Liu, Q. Lu, H.-Y. Paik, and X. Xu, "Design patterns for blockchain-based self-sovereign identity," in *Proc. Eur. Conf. Pattern Languages of Programs 2020* (*EuroPLoP 2020*), July 2020.

（本文内容来自IEEE Software VOL37, No 5, Sep/Oct 2020）

Software

关于作者

Yue Liu 中国石油大学（华东）计算机与通信工程学院研究生。研究兴趣包括区块链及服务，以及区块链应用程序的体系结构设计。联系方式：yue.liu@s.upc.edu.cn。

Qinghua Lu 澳大利亚堪培拉联邦科学与工业研究组织Data61的高级研究科学家。研究兴趣包括区块链系统的体系结构设计、有关联合/边缘学习的区块链、自我主权身份，以及有关机器学习的软件工程。新南威尔士大学计算机科学专业博士学位。在加入Data61之前，她是中国石油大学的副教授，并且曾在澳大利亚国家信息和通信技术学院担任研究员。在国际期刊和会议上发表了100多篇学术论文。IEEE的高级成员。联系方式：qinghua.lu@data61.csiro.au。

Hye-Young Paik 现任澳大利亚悉尼的新南威尔士大学（UNSW）计算机科学与工程学院高级讲师，并以访问学者的身份与悉尼联邦科学与工业研究组织Data61的架构和分析平台小组合作。研究兴趣包括面向服务的软件设计、体系结构，以及分布式数据/应用程序一体化。新南威尔士大学计算机科学博士学位。IEEE和计算机协会（the Association for Computing Machinery）成员。联系方式：h.paik@unsw.edu.au。

Xiwei Xu 澳大利亚悉尼联邦科学与工业研究组织Data61的架构和分析平台小组的高级研究科学家，新南威尔士大学（UNSW）计算机科学与工程学院联合讲师。研究兴趣包括软件体系结构、区块链、服务计算、业务流程、云计算和可靠性。新南威尔士大学计算机科学博士学位。联系方式：xiwei.xu@data61.csiro.au。

Shiping Chen 澳大利亚悉尼联邦科学与工业研究组织Data61的重要研究科学家，并在悉尼大学担任兼职副教授，教授和指导硕士和博士学位学生。研究兴趣包括安全的数据存储和共享，以及安全的多方协作。新南威尔士大学计算机科学博士学位。从事分布式系统研究超过20年，专注于性能和安全性，并在这些领域发表了100多篇研究论文。通过出版物、期刊编辑和会议PC服务参与计算机研究团体。IEEE高级成员。联系方式：shiping.chen@data61.csiro.au。

Liming Zhu 澳大利亚悉尼联邦科学与工业研究组织Data61的研究主管，同时还担任悉尼新南威尔士大学（UNSW）的全职联合教授。研究项目专注于大数据平台、计算科学、区块链、监管技术、隐私和网络安全。新南威尔士大学软件工程博士学位。发表了150多篇关于软件体系结构、安全系统和数据分析基础架构的学术论文。澳大利亚标准局的区块链和分布式账本委员会主席。联系方式：liming.zhu@data61.csiro.au。

软件设计中的非技术性要求

文 | Leticia Duboc 拉曼鲁尔大学　Christoph Becker 多伦多大学
Curtis McCord 多伦多大学　Syed Ishtiaque Ahmed 多伦多大学
译 | 闫昊

软件会引发有关道德、权力、政治和价值观的问题。我们将展示批判性系统启发法如何用于构建对早期需求的探索，并提供一个框架来发展对项目和系统范围合理性的反思性理解。

当今社会运作很大程度是与软件密切相关的。但是在软件开发的过程中，软件工程专家应当重视且合理地考虑软件设计中承担的社会和道德责任。软件系统具有改善生活的巨大潜力，但是随着社会的发展不可避免地产生了阴暗面。从激发选民的民粹主义到隐私泄露猖獗，从反对限制碳排放到比特币等网络货币对经济的影响，软件只要涉及社会属性，就无法避免出现非主流化问题[1,2]。这引起了人们对于软件道德问题的思考，包括系统设计中的义务和权利的关系、利益相关者的利害关系，以及人文和社会价值在工程中扮演的角色[3]。

在软件工程中，需求工程可以说是对社会变化和可持续性起着举足轻重的作用[4]。通过对利益相关者的广泛研究和深入考察，例如对他们的观点进行调研，将其应用于架构设计中，制定他们能够接受的范围标准。需求工程限制了设计范围并且为系统的开发创建了开发条件。因此，需求工程被越来越多地要求参与软件系统相关的社会和伦理问题就变得理所应当[5]。

在开发应用中，需求工程和软件工程的从业人员必须对目标用户进行广泛的用户调查和需求调整，促进对系统开发中所涉及的问题达成一致意见，并且对需求结果负责。在设计工程中，工程师需要对软件可能影响的人，特别是非开发人员承担道德和道义上的责任。这意味着这些专业人员必须遵守道德规范框架和规则；注意人们认为重要的是价值观，然后才是对“影响未来发展”的影响[3]；了解他们的工作如何受到利益相关者的社会关系(政治)的约束；对权力问题保持高度的敏感：谁拥有权力、权力是如何使用的、权力以何种形式影响选择和技术发展轨迹。

这是一个相对困难的挑战，因为软件系统完全与物理和自然环境、经济过程以及社会和文化生活交织在一起[6]。现实情况是，许多的需求工程框架仅仅考虑了科学方法，而忽略了政治、道德、美学和信仰等概念[7,8]。这使得在这种框架下形成的软件很容易陷入Joseph Goguen所称的湿润和干燥之间的陷阱，即具有复杂形式的人类和社会与软件工程中应用的形式化技术模型和方法之间有一道鸿沟[9]。

为了解决两者之间的鸿沟，需求工程专家建议使用解释性系统思维框架。软系统方法论是对这一方法的实践，它的关注点在于互通理解[10]。但这些框架无法解决由于权力动态而不可避免地产生的边缘化问题[11]。对于以上问题的暴露和关注促使了批判性系统思维框架的开发，但是这个框架没有充分引起研究人员的关注，以至于很少有人尝试将其应用于需求工程当中[8,12,13]。而这种思维盲区可以部分地归因于他们对于哲学理论、社会批判和认识论的关注缺失。

从结果上来看，这使得从业者感到困惑且无助。即使他们对于开发有着很好的想法，但是仍然对遵循Werner Ulrich的构架实现“理性地证明系统设计的规范性含

批判性系统启发法

批判性系统启发法是在系统设计过程中进行决策和评估的一种方法。该方法并不强制在系统中限定客观的边界。相反的，其倡导通过决策来确定边界。而关于范围、度量或利益相关者，需要制定规范且有价值的声明，这些声明要具有合法性和适应性。在任何情况下，做出这些决定所依据的条件都是至关重要的。

在软件设计中，因为缺乏相应的专业知识，缺少与利益相关者对需求渴望的感同身受，决策行为中的外行声音逐渐被边缘化。批判性系统启发法是一种道德承诺，它通过参与式设计和创造条件使得受系统影响的人们能够在系统之外发声，参与系统策划。专业人员与普通参与者进行交流时，会产生知识和权力的代沟，但是专业人员要承担起解释的责任。受影响的人所处的知识和价值本身就有资格自由地、批判性地谈论那些在决策和设计中拥有权力的人的假设和判断。

批判性系统启发法提倡通过迭代12个问题（见图1）来揭示设计的基本价值，这些问题涵盖了动机、控制、知识和合法性。迭代具有两种模式，描述模式(“是”)和理想模式(“应为”)，并且能够在两种模式之间切换。批判性系统启发法的目标是使构成系统范围的价值能够被衡量；使参与设计的人能够反思关于目的和改进的信念，使他们的专业知识能够更好地发挥；并创造一个沟通空间，让那些受设计和决策影响的人与开发人员处于平等的地位。

义”感到手足无措[8]。换句话说，现实不可能使开发行为在许多情况下都去估计或预测可能造成的影响，当他们没有相关的社会科学、政策或道德方面的基础教育时，当他们面临时间紧迫、利润期望高、利益相关者网络分散的行业项目中时，他们如何证明自己的工作、设计决策和行动是合理的？

在本文中，我们通过一个协同行动研究项目[14]，演示了如何使用批判性系统启发法在需求工程的背景下，获得关键的权力和政治意识，对引领和构建项目的人类价值和边界判断的批判性反思，并帮助专业人士更好地理解和检查他们的决策。将批判性系统启发法与标准需求工程实践相结合，可以帮助我们在软件开发过程中更早预警潜在的用户所面临的边缘化风险，并尽早对需求进行调整。这一行动使得面临边缘化风险的人们能够获得更多的关注和更公平的待遇。最终，这个项目创建了两种类型的设计准则：一类是遵循经常使用的Volere模板的需求文档；另一类是被批判性系统启发法称为概念图的需求文档，它从价值、知识、政治和角色视角描述了需求构成基础。图1总结了适用于这两个框架的常规问题，以及指导创建这些反思的批判性系统启发问题。我们的发现表明，批判性系统启发法对需求工程提供了宝贵的指导。批判性系统启发法需要需求工程的内容和结构进行填

主要关注点：批判性系统启发法和需求工程通常解决什么问题？

需求工程	批判性系统思维
• 利益相关者　• 权衡 • 目标　• 品质 • 功能　• 限制	• 边界判断　• 系统性反思 • 边缘化　• 辩证法 • 价值体系　• “欺骗的来源” • 合理性

批判性系统启发法问题

影响力的来源	利益体系的边界判断（S）		
	社会角色（利益相关者）	*特定问题（利益）*	*关键问题（利益相关问题）*
动力来源	1）谁是/应该是利益相关者的预定受益人？	2）谁是/应该是利益的受众？	3）什么是/应该是利益相关问题的成功或改进的衡量标准？
控制来源	4）谁是/应该是控制利益相关者成功判断的决策者？	5）哪些资源，条件，是/应该在利益的决策者的控制之下？	6）决策者，决策环境无法/可能无法控制哪些成功条件？
知识来源	7）哪些专家是/应该为利益相关者提供相关的知识和技能？	8）利益操作所需要的是/应该是何种相关的(新的)专业知识，学识和技能？	9）什么是/应该是成功实施利益关系问题的保证？
合法性来源	10）那些受到利益相关者负面影响但不参与的人，谁是/应该是他们的保护者？	11）对于利益受损者，在身陷利益的世界观中，什么是/应该是表达和自由的机会？	12）在受影响和涉及的人之间，需要/应该提供什么空间来调和关于利益相关问题的不同世界观？

图1　关键启发法和主要关注点的概述（来源：参考文献[15]）

补，而需求工程实践缺乏对驱动系统开发的价值进行批判性反思的方法。如果这两个方法能够有效地优势互补，那么结果就会为软件工作者提供一个丰富且全面的增值需求工程实践。

将需求工程和批判性启发法结合在一起进行软件系统开发

问题状况

世界人口正在面临老龄化的风险。在西班牙进行的统计显示，到2066年，该国预计将有34.6%的人口超过65岁。这将会出现许多空巢老人，他们可能需要更多的关爱。但是他们发出的声音不够大，表现的渴望也很隐蔽，这可能会被家人和照顾者忽略掉。例如，日常生活习惯的改变有可能预示着某些疾病的端倪，例如老年性痴呆[17]。这些端倪要么由拜访者发觉，但是他们在一天中仅仅出现一小部分时间；要么由老年人察觉自己的健康问题，但是他们可能缺乏相应认知能力去理解这些信息，或意识到它们意味着问题的开端。

项目

HomeSound项目的重点关注对象是独居在家的空巢老年人群体。它的实施主体是无线声传感器网络和支持算法。通过该网络，设备将捕获并过滤这些老年人的住所中的声音。异常的声音可能表示意外事件或需要进行调查的日常事件（请参阅“声音事件检测”）。在需求工程的早期阶段，该项目着重于探索技术迁移的潜力。

过程

在这项行动研究中，我们使标准需求工程实践与批判性系统启发法相结合，并且反复进行关键需求工程实践和反思的迭代。

声音事件检测

声音事件检测会自动从连续音频流中识别出感兴趣的事件[s1]。这项技术应用前景广泛，包括家庭安全（例如，窗户破损的警报）、保姆和宠物（例如检测例程的变化、狗吠）、交通（例如用于交通监控）、娱乐应用（例如根据周围的噪声调整声谱）、健康（例如检测婴儿的哭声、打呼）、社交便利性（例如在交谈时暂停音乐）。

SmartSound是一种异常噪声事件探测器[s2]，其设计初衷是为了用于无线声传感器网络，以较低的成本实现实时监测。它使用高斯混合建模来区分异常噪声事件和背景噪声。其最成熟的应用是道路基础设施噪声影响的实时检测和表征。它还被用于监测国家公园的濒危鸟类物种，并在环境辅助生活平台上协助医务人员实时跟踪病人的状态。

参考文件

S1. A. Temko, “Acoustic event detection and classification,” Ph.D. dissertation,Dept. of Signal Theory and Communications, Univ. Politecnica de Catalunya, Barcelona, Spain, 2007.

S2. J. Socoró, F. Alías, and R. Alsina-Pagès, “An anomalous noise events detector for dynamic road traffic noise mapping in real-life urban and suburban environments,” Sensors, vol. 17, no. 10, p. 2323, Oct. 2017.

该研究小组由一名来自拉萨尔的研究人员和两名来自多伦多大学的研究人员组成。前者曾参与第三方公司和其他利益相关者的需求分析，并与HomeSound的技术和业务开发人员有密切联系，但此前没有批判性系统启发法的培训。另外两位在批判性系统启发法方面轻车熟路。他们扮演着指导的角色，并帮助批判性地反思第一位研究人员创建的模型。我们将他们称为需求工程师和批判性系统启发法专家。为了使项目和发现在文章的有限篇幅内能够复现[15]，我们提供了迭代的高级概述，并提供了模板材料。(https://www.sustainabilitydesign.org/publications/#materials)

在表1中的问题指导下，需求工程师为HomeSound项目创建了多个版本的概念图。在任意的一个迭代版本中，该概念图都是有需要完善的部分。前两个地图反映了系统构建人员的特权视图。这些视图逐渐扩展，包含不同利益相关者的观点以及团队对该流程版本进行批判性反思的结果。表1总结了反思过程。涉及批判性系统启发法问题（图1）的主题以斜体表示。批判性系统启发法通引起思维上的迭代，以粗体显示。（“批判性系统启发法”过程继续整合老年人的观点，但是在撰写本文时，还没有从后来的输入中生成概念图的新版本。）

权力、政治和社会价值的问题必须由需求工程来解决。而批判性系统思考架构的开发使得这些问题能够更真实地呈现在我们眼前，并且使这些值得关注的问题得到反思。但是，这样的一个框架并没有被纳入需求工程中。因此本文需要一个问题：批判性系统启发法在需求工程中的作用是什么？

表1中描述的过程说明了软件工程专业人员面临的挑战。在软件开发过程中，社会技术系统是重要的不可避免的系统。而忽视其需求和责任是一种不道德的选择，但又很难去公正地解释其结果的含义。正如其他人所争论的那样，需求工程处在一个独特的位置，它承担着软件系统本身所隐藏着的社会责任[4,5]。要做到这一点，就需要将社会理论和批判性观点整合到需求工程的核心内容中，以及增强软件架构设计的可解释性。

在本文中，我们通过一个项目，展示了如何一步一步地应用批判性系统启发法完善需求，并且通过嵌入式设备来关照家中的老人。我们通过调研、反思和内部讨论，展示了批判性类别概念图的连续迭代。批判性系统启发法的作用是提供有效的框架，实现了对目标用户和关注话题的反思；改进高层次的目的、目标和成功标志，使其更好地代表受影响者的利益；从多个角度探索不同的项目和系统范围的可实施性和其合理性；并探索人类、社会和经济价值的观念应该如何驱动项目。在此过程中提出的一些问题在表1中以粗体和斜体突出显示。例如，我们了解到，如果不从多角度去反思，这个系统可能会减少老年人的自主权——这与项目的预期目的正好相反。我们还重新审视了我们最初对幸福和老年人关爱的理解，引导我们在安全和自决之间取得平衡。而在使用框架之前，系统开发人员的特权视角并没有对这些问题提出质疑。

这种类型的批判性反思是对需求工程中所表现的价值和政治方面的补充，这些工作显式地考虑了需求工程中所代表的人性的价值[18]，并且通过一种类似于软系统的政治分析方法论的方式[10]，对利益相关者的交互进[19]行了建模。与Alastair Milne和Neil Maiden[19]

表1　概念图的迭代	
概念图	格式：以斜体字引用批判性系统启发法问题的主题；批判性系统启发法引起观念上的问题，以粗体显示
1	概念图1是由需求工程师和批判性系统启发法专家创建的，后者通过批判性系统启发法流程来指导前者。它包含需求工程师在与HomeSound开发团队，第三方组织以及老年人的家庭和看护者进行的先前调研结果。该概念图主要*客户群体*是老年人，其既定*目的*是增强老年人的独立生活性，使他们能够更长久地呆在家里。它还将老年人的“独立性和幸福感”和“独自在家的时间”作为*改善措施*。此外，它认为，如果他们的福祉得到提高，这将减少“老人打扰他们的照顾者”的次数，因此，这可能是*成功的保证* 反思这一概念图，其由需求工程师的**选择性记忆**构建，并且很可能代表了系统开发员的**特权视图**。因此，我们决定参考与利益相关者先前对话的笔记，以更准确地反映他们的需求。我们还认为有必要让第三位研究人员参与对概念图的评论，并帮助协调和综合对话，而避免更全面的参与
2	概念图2是在征询了先前的会议记录和面向对象访谈之后创建的。新的概念图增加了家庭为*主要受益人*，社会和保健系统为*次要受益人*，扩大了系统的**边界**。现在的目的包含了让家人安心。除此之外，概念图2还增添了幸福和独立的概念 对我们衡量成功的有效性的反思让我们意识到，我们需要从与老年人情况相关的专业人士那里获得*意见*。对于乌尔里希来说，依赖于不完整或教条的观点是**假象的主要来源**，而且可能是一个*错误的保证*，误导我们对情况和系统设计的理解[8]。反思也提出了许多问题，包括：系统的边界是什么？“在家的时间”是衡量幸福的合适标准吗？没有参与的家庭成员的声音？目的应该是增加独立，还是应该是增加自主决定的权力？人们真的理解这项技术的含义吗？为什么我们在与利益相关者的对话中发现了对技术的盲目信任？如果老年人不能成为决策者怎么办？最后一个问题特别提出了重要的公平问题，*反映了对那些有被边缘化危险的人的关切*
3	概念图3吸收容纳了社会工作者的观点与心理学家的观点，二者均在老年人问题上有所建树。此次调研从更专业的角度阐述了一些隐患，包括该系统并没有提高独立性，而是提高了安全性（因为它不能满足空巢老人身体和情感需求），而且老年人打电话数量**隐盖了真正的问题**。我们还了解了常见的行为，应对机制，值得信赖的人的重要性以及衡量老年人及其照料者的幸福感的几种量表。概念图3包括新的*成功衡量标准*（例如增加社会支持，减少看护人的焦虑，减少痴呆的早期征兆）以及用于心理学和社会护理的专业量表来对其进行衡量。该概念图还包括*决策者和知识来源*的扩展列表 反思使人们对自我决定和痴呆症早期迹象的衡量标准产生了怀疑
4	概念图4综合了一位专门研究技术项目如何影响伦理和隐私的实践哲学家的意见。我们探讨了这样的问题：你是如何构建关爱和幸福的？用户需要多少信任？家庭对这种技术的过度依赖是否会导致“人情味”的丧失，从而减少而不是支持它？这项技术会降低老年人的自主权吗？老年人应该有权决定何时接受帮助。第三方会对这些数据感兴趣吗？这些问题中的每一个都将**权力**不平衡和利益相关者的**政治**问题推到了需求工程讨论的前沿。最后，我们认识到对这些技术进行公开辩论的重要性，并从实践哲学中确定了揭示利益相关者伦理、道德和价值的技术。新概念图扩展了自治作为*主要目的*，为自主权提供了更好的定义，确定了公众是理想的专家，*确认了机构所期望的数据仅仅是他们作为商品而不是有着充分的伦理考量*，并纳入了关心老人，抚养老人，过上美好生活和监视技术的可能的*世界观* 反思让我们意识到，与安全问题相比，我们更关心人们的看法，并认为这一问题更容易解决。因此，我们选择了采访一位安全专家
5	概念图5集成了执行技术安全审计的IT安全专家的意见。这位专家指出，声音监测可能不是解决这个问题的最佳方法，因为在家里安装麦克风有内在的风险。我们从专业的角度审视了这些设备的不同隐私和安全风险。建议在系统开发过程中进行安全审查。新的概念图包括了安全专家可以为项目提供的*专业技术*、*另一种角度的成功定义*（在反复的安全审查中发现的漏洞数量），以及一些风险和可能采取的措施 通过反思，我们讨论了风险评估在批判性系统启发法中的作用，以及它是否会导致忽略项目的道德合理性的重要问题。我们还反思了批判性系统启发法的思维方式与之前的需求工程技术经验中的思维方式有何不同，并且我们考虑了如何将这些想法整合到需求工程中。这激发了我们尝试将批判性系统启发法的想法映射到Volere框架
6	概念图6融合了将批判性系统启发法的发现转换为Volere规范所获得的想法。其中包括将先前的次要目标归类为*系统冗余*（因为技术系统只能解决更大目标的特定方面），并改善概念图不同部分的项目的原理、关系和一致性 反思向我们表明，如本文结论中所讨论的，在标准需求工程和批判性系统启发法之间进行迭代是有价值的

所关注的系统设计中的权力和政治的描述性分析不同，批判性系统思考和批判性系统启发法让实践者致力于揭示甚至避免边缘化潜在受益人的观念。在此之后，我们专注于话语行为和支持批判性反思，使所有相关的隐含边界判断能够清晰地观察到。在态度方面，这更接近于人机交互中的关键设计和类似方法[20]。但是因为批判性系统启发法有特定的语言和术语，是一个小规模的启发式框架，所以它非常适合被快速采用，而不需要广泛的社会理论研究。

在项目中使用批判性系统启发法，不仅对指定需求产生了影响，还能够得到概念图。将概念图所捕获的问题转换到Volere规范，迫使开发者能够从多个角度去审视系统。例如，我们意识到项目的次要目的，“让老人能够独自留守，更好地减轻服务社会”和“减轻社会保障体系的经济负担”，这都是不合乎道义的设计。这些实际上是不切实际的目标，而且技术发展可以而且应该解决这些更宏伟目标的具体方面。

尽管我们可以轻易地将批判性系统启发法的问题映射到Volere规范，但是迭代过程中所揭示的问题类型与那些通常在需求文档中发现的问题具有非常不同的性质，包括教育样本规范，例如Volere包。教育样本规范更多地关注系统功能，而不是利益相关者的内在需求。虽然我们并不是认为一个真实系统的责任分析与一个样本规范的比较是能够等价的，但这样的样本规范使得我们产生疑虑，需求工程社区是否应该有意地创建强调伦理、权力、政治、人类和社会价值问题的规范模板。

最后，创建批判性系统启发法概念图和Volere规范使我们能够整合需求工程框架本身无法提供的关键反思和反映。为了促进批判性系统启发法和需求工程的融合和统一，我们创建了一个理想的映射模板来补充Ulrich的问题，一个从该模板到Volere模板的映射，以及后者的带注释版本。（请参阅https://www.sustainabilitydesign.org/publications/#materials；由于版权问题，无法提供Volere模板。）

需求工程对于解决社会中软件系统的社会和伦理问题举足轻重。我们已经证明了批判性系统启发法在早期需求工程中带来的改变。尽管这不能保证系统将按照道德规范和公平原则进行设计，但它为21世纪所需要的软件工程所发挥的职能提供了一个关键的踏脚石。C

致谢

本工作已从欧盟地平线2020研究和创新计划获得了来自加泰罗尼亚政府商业竞争力机构、以及RGPIN-2016–06640下的自然科学和工程研究委员会根据Marie Skłodowska居里赠款协议712949（TECNIO springPLUS）提供的资金。

参考文献

[1] V. Eubanks, *Automating Inequality.* New York: St. Martin’s, 2018.
[2] S. U. Noble, *Algorithms of Oppression*. New York: New York Univ.Press, 2018.
[3] A. Feenberg, “Ten paradoxes of technology,” *Techné: Res. Philosophy Technol.*,vol. 14, no. 1, pp. 3–15, 2010.
[4] C. Becker et al., “Requirements: The key to sustainability,” *IEEE Softw.*,vol. 33, no. 1, pp. 56–65, Jan. 2016.
[5] G. Ruhe, M. Nayebi, and C. Ebert,“The vision: Requirements engineering in society,” in *Proc. 2017 IEEE 25th Int. Requirements Engineering Conf. (RE)*, Sept. 2017, pp. 478–479.
[6] M. Jarke, P. Loucopoulos, K. Lyytinen, J. Mylopoulos, and W.Robinson, “The brave new world of design requirements,” *Inf. Syst.*, vol.36, no. 7, pp. 992–1008, Nov. 2011.
[7] C. W. Churchman, *The Systems Approach and Its Enemies.* New York: Basic Books, May 1979.
[8] W. Ulrich, *Critical Heuristics of Social Planning: A New Approach*

关于作者

Leticia Duboc 西班牙加泰罗尼亚的拉曼鲁尔大学的讲师和研究员。研究兴趣包括软件系统的可持续性，特别是指导可持续软件系统设计的需求工程。伦敦大学学院计算机科学博士学位。项目管理协会成员。联系方式：l.duboc@salle.url.edu。

Curtis McCord 博士。多伦多大学信息学院候选人。研究兴趣包括系统思维和科学技术研究中的人种志和行动研究方法论，以研究公共利益和电子民主技术的发展。联系方式：curtis.mccord@mail.utoronto.ca。

Christoph Becker 多伦多大学信息学副教授。研究兴趣包括公正和可持续的软件系统设计。维也纳工业大学计算机科学博士学位。联系方式：christoph.becker@utoronto.ca。

Syed Ishtiaque Ahmed 多伦多大学计算机科学系助理教授。研究兴趣包括计算机的表现价值及其与当代政治的关系。美国康奈尔大学信息科学博士学位。2019年获得国际教育研究所百年奖学金，2018年获得康诺特早期研究员奖，2011年获得国际富布赖特科学技术奖。计算机机械协会人机交互特别兴趣小组和全球青年学院成员。联系方式：ishtiaque@cs.toronto.edu。

to Practical Philosophy. New York: Wiley, 1983.

[9] J. Goguen, “Requirements engineering as the reconciliation of technical and social issues,” in *Requirements Engineering: Social and Technical Issues*, M. Jirotka and J. A. Goguen, Eds. London: Academic, 1994, pp.165–199.

[10] P. Checkland, *Systems Thinking, Systems Practice: Includes a 30-Year Retrospective*. New York: Wiley, 1999.

[11] M. C. Jackson, *Systems Approaches to Management*. Berlin: Springer-Verlag, 2007.

[12] J. W. Wing, T. N. Andrew, and D. Petkov, “A systemic framework for improving clients’ understanding of software requirements,” in *Proc. ECIS 2015 AIS Electronic Library (AISeL)*, pp. 1–10.

[13] S. Elsawah, A. McLucas, and M. Ryan, “Beyond why to what and how: The use of systems thinking to support problem formulation in systems engineering applications,” in *Proc. 21st Int. Congr. Modelling and Simulation*, 2015, pp. 843–849.

[14] P. Checkland and S. Holwell, “Action research: Its nature and validity,” *Systemic Practice Action Res.*, vol. 11, no. 1, pp. 9–21, Feb. 1998.

[15] W. Ulrich and M. Reynolds, “Critical Systems Heuristics,” in *Systems Approaches to Managing Change: A Practical Guide*, M. Reynolds and S. Holwell, Eds. Berlin: Springer-Verlag, 2010, pp. 243–292.

[16] J. Robertson and S. Robertson, *Volere Requirements Specification Template*. (Jan. 2000). [Online]. Available: https://www.volere.org/templates/volere-requirements-specification-template/

[17] T. L. Hayes, F. Abendroth, A. Adami, M.Pavel, T. A. Zitzelberger, and J. A. Kaye,“Unobtrusive assessment of activity patterns associated with mild cognitive impairment,” *Alzheimer’s Dement.*, vol.4, no. 6, pp. 395–405, Nov. 2008.

[18] S. Thew and A. Sutcliffe, “Value-based requirements engineering: Method and experience,” *Requir. Eng.*, vol. 23, no.4, pp. 443–464, Nov. 2018.

[19] A. Milne and N. Maiden, “Power and politics in requirements engineering: Embracing the dark side?” *Requir. Eng.*, vol. 17, no. 2, pp. 83–98, June 2012.

[20] A. Dunne and F. Raby, *Speculative Everything: Design, Fiction, and Social Dreaming*. Cambridge, MA: MIT Press, 2013.

（本文内容来自IEEE Software VOL37, No 1, Jan/Feb 2020）

Software

从机器伦理到互联网伦理：拓宽视野

文 | Pradeep K. Murukannaiah　代尔夫特理工大学
Munindar P. Singh　北卡罗莱纳州立大学
译 | 杨依娜

本文从互联网应用的角度介绍了与伦理相关的一些关键概念和挑战。

伦理是一个古老的问题，可以追溯到任何文化早期的文学和哲学作品中。伦理学的核心在于理解一个人的行为对另一个人的影响[7]。也就是说，一个人道德的行为帮助他人，而不道德的行为伤害他人（详细讨论请参阅“伦理”边栏）。

机器伦理是一门引起人们关注的伦理学研究[2]，它涉及机器的伦理。其目标是描述或构建具有道德行为能力的机器。作为一门理论性学科，机器伦理既涉及元伦理学问题，也涉及规范伦理学问题。前者的一个例子是，道德是否能够被计算出来？作为计算机科学家，我们通常认为是可以的。后者的一个例子是，对机器进行编程以使其符合道德规范需要什么原则和程序？机器伦理通常与计算机伦理相区别，后者关注的是使用计算机的人的伦理，尤其是关于计算机专业人员在构建和部署软件方面的伦理。

Moor[5]认为我们应该研究机器伦理，因为我们希望机器善待我们（随着机器变得更加复杂和自主，这种动机也变得越强）；通过向机器系统地灌输伦理，我们可以更好地理解（人类）伦理。然而，为什么我们要将人和机器的伦理区分开来呢？

当然，机器几乎是所有人类活动中不可或缺的部分，并且它们也变得越来越强大。然而，区分自主性和自动化很重要。机器可以进行复杂的推理，这体现了机器的自动化。但我们通常从人和社会的角度来描述自主性：机器以人的名义行事，因此反映了人的自主性。例如，若你的代理人把你的钱转给了尼日利亚王子，其结果是你的钱财遭到损失，而非这个代理人的钱，这代表了什么？银行允许了这笔转账，仅是因为它是以你的名义进行的。同理，若一台智能音响记录下了你的私人谈话，我们会将这种恶行归咎于其背后的人员和组织，而非该音响本身。

换句话说，尽管机器越来越强大，但它们并非仅在由机器组成的人工社会中发挥作用，而是在人类和机器的混合社会中发挥作用。因此，伦理学作为一项研究个体行为间的影响的学科，我们需要假设人与机器的伦理是紧密相连的。

这种（人和机器）综合的伦理观就是我们所设想的互联网伦理。具体来说，我们提出了互联网应用领域的伦理。相关领域的要素包括人员（用户、开发者和管理员）、机器（物联网上的计算机以及智能设备）和资源（数据和服务）。

除了在很多有道德要求的情况下的传统资源冲突之外，在互联网应用中，由于（工具的）复杂性、恶意（安全攻击）、用户缺乏信心（由于缺乏可解释性和透明性），以及数据和推理中的偏差，还可能产生不道德的结果。

互联网伦理应用在哪些地方？

让我们考虑一些伦理学至关重要的互联网应用场景的例子。

交通

一个城市利用传感器获取了关于一天中不同时间在该城市不同交通信号处的车辆数量的数据。该市可以采取哪些措施来减少道路拥堵？

从某个层面上来看，这是一个经典的优化问题——调整选定路口的交通信号持续时间或者拓宽某些道路，以最大限度地增加交通流量并减少拥堵。而使之成为一个道德问题的关键在于理解为什么拥堵对于城市居民来说是一个问题，以及潜在的干预措施会如何影响他们的生活。假设这些居民重视环境，那么解决交通

互联网伦理：公平性，问责制，透明性

互联网应用越来越多地基于人工智能。一些应用程序涉及显式和可见的智能网络代理，范围从智能手机上的个人助手到街道上的自动驾驶汽车。其他应用程序不涉及直接作用，但是提供决策帮助，例如为法官提供量刑参考，如给被定罪人设定刑期。此外，还有一些应用程序涉及隐藏在服务中的智能的使用，如 Facebook 和 Amazon，这些隐藏的智能决定了我们看到什么新闻以及购买什么产品。日益智能的互联网应用的非凡特点，包括其对我们的个人数据的详尽访问，以及对我们的生活所施加的细粒度控制，已引起越来越多的关注。因此，互联网伦理越来越受到重视，这是正确的。这个新领域将重点关注互联网计算的一些关键的社会方面问题，特别是随着人工智能技术在几乎所有计算应用中逐渐占有举足轻重的地位而出现的挑战。它将采取一种广泛的社会技术方法来处理道德问题，包括已部署的互联网应用程序引起的关切，如公平性、问责制、透明性。该领域即将发表的文章将更详细地探讨这些主题。

拥堵问题不仅要优化交通流量，而且要丰富公共交通和规划城市服务，以减少交通系统的负担。或者，假设居民重视与家人在一起的时间。在这种情况下，解决方案应强调城市规划，在工作场所附近增加居住区，使人们能尽量减少通勤时间。从本质上讲，不应仅关注道路上造成拥堵的车辆，还应该关注人们会如何受到交通拥堵的影响。这种分析必须是明晰的，并且需要了解人们的价值观，这是道德推理的组成部分。

救护车

多辆载着病人的救护车，当前正行驶在整个城市的道路上。该如何决定哪辆救护车去哪家医院？

救护车的分配会影响人们的生活，这使其成为一个典型的道德问题。在这种情况下，包括透明度和可解释性在内的若干道德问题尤为重要。例如，该系统需要能够解释为什么一辆救护车去了距离其当前位置更远的医院A，而不是距离更近的医院B——也许去医院A的路更加拥堵；也许医院A没有足够的设备来治疗救护车上的病人；或者，可能有两辆救护车离医院A的距离大致相同，而只有载着两名病人中病情较重者的那辆救护车才能被派往医院A。在这种情况下，有意义的人为控制是一个重要的伦理考虑因素。救护车上的医疗专业人员应该能够推翻推荐的分配方案，选择将病人送到另一家医院。

治安

一个城市的警察局会同时收到多起事件的报告。在资源有限的情况下，该警察局应该按照什么顺序调查这些事件呢？

这种情况显然充满了道德方面的考虑。警察局的资源分配算法不应该有偏见，因为它们必须公平对待各个社区。现代社会通常提供法律保护，防止基于种族和性别的歧视。然而，众所周知，看似无害的属性（例如邮政编码）可能会透露出某些敏感属性（例如种族和财富）。因此，在这种情况下，社会控制非常重要——在决定应该更加紧急地调查哪些事件时，警察应当能行使一定的酌处权，但同时要对自己的决定负责。

电力使用

一个社区的居民可以在特定的时间运行洗衣机和烘干机等电器，从而时移和分散部分电力负荷。这些居民该如何集体转移负荷，在满足每个人需求的同时减少对电网的峰值总需求？（减少峰值需求可减少对电厂的需求，有利于可持续发展。）

在这种情况下，道德方面的考量包括居民必须亲社会化（通过灵活变通做到体谅他人），以及坦诚相告各自的偏好[11]。尤其是那些愿意顾全大局而灵活行事的人，不应该被迫分担不公平的责任。

智能手机

智能手机用户Sam认为每天要多次更新手机的铃声设置（比如响度设置）非常麻烦。如果没有合适的设置，Sam可能错过重要的电话，因为他的手机在不应该静音的时候静音了，或者他可能因为手机在本应该静音的时候大声响铃而感到尴尬。一个智能的铃声应用程序应该如何自动调整手机的铃声设置呢？

虽然智能铃声应用程序的行为看似无伤大雅，但该应用程序必须考虑一些道德方面的顾虑。例如，假设Sam在图书馆里时接到了一个电话。此时，如果这是一个来自朋友的临时电话，那么手机大声响起是否合乎道德？或者，如果这是一个重要的电话，比如Sam

伦理学

伦理学是研究个人在社会中的行为或行为方式的学科，其中个人所采取的行动会影响他人获得的结果。伦理学领域的三个主要学科领域是规范伦理学、元伦理学和应用伦理学[4]。

规范伦理学是确定一个人行为是非的实践方法（在这里，“实践”表示个人或社会的行为）的研究。因此，规范伦理学关注的是，人们在不同情境下行事的道德性原则与准则。

规范伦理学有三种主要的经典理论：美德论、道义论、结果论。美德论和道义论关注行为本身，以确定行为的伦理性，即其正确与否。在美德论中，行为的道德性来自于一个人的固有性格（美德）。相反，在道义论中，道德行为是那些符合规则、法律和规范的行为。与美德论和道义论不同，在结果论中，行为的后果决定了其道德性。具体来说，功利主义是一种结果主义理论，其中伦理行为是那些使每个受行为影响的人获得最大效用的行为。

举一个例子来理解这三种规范伦理学理论所主张的推理过程中的差异。假设载有一位病人同时留有一个空位的救护车在前往医院的途中经过一起事故地点，它是否应该停下来提供帮助？帮助那些需要帮助的人是符合美德论的。从道义论的角度来看，规则是一位专业医疗人员不能不提供任何帮助地让病人在路上死亡。最后，从结果论的角度来看，假设如果车上的病人不能在20分钟内到达医院，则病人的风险将会很高，那么合乎道德的做法将是仅救护车上的病人，而让其他救护车来照顾躺在路上的病人。

元伦理学是对伦理概念、判断和命题的本质（即意义、起源和基础）的研究。它包含了抽象的问题，比如伦理能独立于人类存在吗？此外，它还包含了心理问题，比如道德判断的心理基础是什么？

应用伦理学是指在特定领域或背景下的伦理学研究。应用伦理领域的例子包括商业伦理、医学伦理、军事伦理等。

作为应用伦理的一个分支，机器伦理[2]关注的是开发行为合乎伦理的机器，如机器人。Moor5认识到机器伦理有四种表现形态：

（1）有伦理影响的主体（ethical-impact agents），不论是否有意，其行为都会产生伦理影响（类似于结果主义伦理）。

（2）隐含的伦理主体（implicitly ethical agents），尽管它们没有被明确地编程为要作出道德的行为（然而，可能被编程为避免不道德行为），其行为是道德的。

（3）明确的伦理主体（explicitly ethical agents），它们在选择其行为时明确地代表和考虑道德。

（4）完全伦理能动者（fully ethical agents），它们类似于人类一样具有抽象思维能力（如意向性和意识），能够作出明确的道德判断，且有能力对这些判断作出解释。

Moor认识到，关于机器是否可以成为一个完全伦理能动者的（元伦理学）问题可能不会在不久的将来得到解决，但实现明确的伦理主体是一个极具挑战和意义的追求。

的配偶需要立即的帮助而来电，那么手机保持静音是否合乎道德？而如果在该情况下手机确实大声响铃，那么图书馆里的其他人认为Sam不替他人着想，这是否合乎道德？也许，该应用程序可以给图书馆中的其他人发送一条信息，解释为什么它必须大声响起[1]。在这种情况下，该应用程序为了不损害

Sam的社会声誉而损害了其隐私，这又是否合乎道德?

理解STS中的伦理

我们对互联网伦理的概念建立在对社会技术系统（sociotechnical systems，STSs）[9]的概念之上。STS包含作为社会实体的人员和组织，以及作为技术实体的代理（抽象于计算实体）。每个代理代表一个人行事[6]，它们共同构成了我们所说的人-代理二元组。这一对组合的概念突出表明，STS参与者所感知到的影响是每个参与人员和该人员的代理共同作用的结果。

互联网提供了一个基础架构，人员和代理在此基础上构成了二元组，以及二元组参与STS交互的方式。互联网还提供诸如数据和服务之类的资源，以促进人-代理二元组进行道德推理。

一对人-代理二元组可以参与多个STS。事实上，每个互联网应用程序都可以被建模为STS。例如，为铃声应用程序用户提供的STS，为社区居民提供的STS，或者为急救医学（包括医院、救护车、医生、患者、救护车驾驶员等）提供的STS。

图1示意性地展现了在STS和人-代理二人组系统中，关键的描述和过程是如何分配的，以及它们是如何排列的。STS中的参与者会影响STS，而STS会告知参与者其决策。重要的是，STS并不是一个独立的计算实体，而是由构成它的人-代理组合以及其包含的东西来实现的。STS可能是工程的或是紧急的，而对于互联网应用，通常同时有工程的和紧急的。

一个人-代理组合的推理过程体现了其具体的决策制定。如上所述，该过程由二元组参与的STS告知。一个二元组的验证过程会根据相关STS规范检查自己（以及其他二人组）的决策。

STS的协商过程反映了它是如何由参与者构建的。同样，验证过程涉及STS如何与其参与者的价值观保持一致。通常，验证和协商是表征STS生命周期的交错过程。

图1显示了伦理推理产生的STS和人-代理组合之间的二元性。

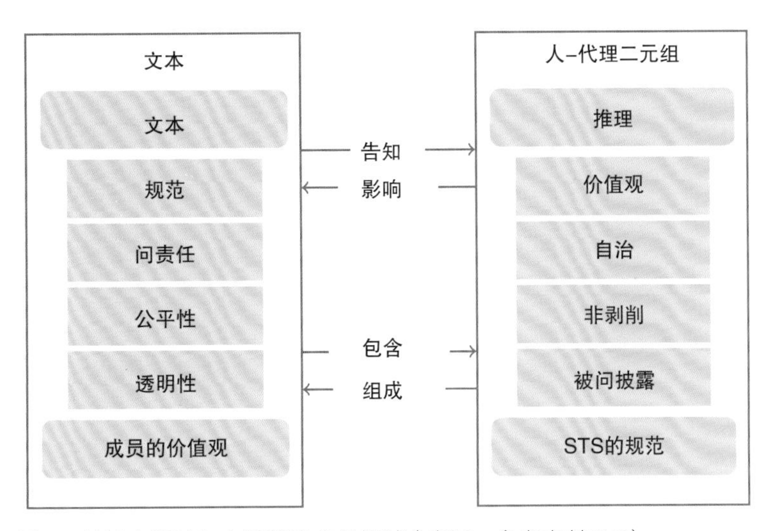

图1　关键启发法和主要关注点的概述（来源：参考文献[15]）

一个人的价值观（包括价值偏好）控制着相关的二元组。STS的规范使得其组成的二元组的集体价值付诸实践。一个二元组在STS中是自主的，只要其对自己的行为负责。二元组即不进行剥削也不被剥削的能力对应于表现了公平性属性的STS。同样地，二元组揭示其自身表示和推理以及获悉其他组合的表示和推理的能力，对应于表现了透明度属性的STS。

在更深的层次上，价值观和规范相互制约——规范从价值观中产生，而既定的规范影响个体价值偏好的形成。在Schwartz的价值模型（参见“价值理论”专栏）中也可以观察到这种二元性。激励个体形成自己的价值偏好的自我指导是一种普遍的价值观；顺从性也是一种普遍的价值观，它激励个体遵守既定的规范。

伦理学的社会技术概念与计算机文献中普遍存在的伦理学的单机观点大相径庭。举例来说，算法公平性涉及使单个算法公平化[10]。比如，预测器对它输出的不同预测是否公平？然而，这种狭隘的统计性的公平观可能会破坏现实生活中的实际公平[3]。为了克服这种局限性，必须从一个整体

价值理论

哲学家从传统的行动和决策的角度来探讨伦理，且通常在缺乏情景的无实用价值的例子中描述它，而在社会科学领域中，人们从更个人和社会的角度来考量伦理。

在这一背景下，其中心结构是价值观。社会心理学家将价值观理解为：人们根深蒂固的信念和偏好，这些信念和偏好激励其行为；普遍有效的观念。他们提出了一些互斥的价值观构成的组合，这些价值观被认为是跨越应用领域和文化的。例如，Schwartz[8]提出了十种普遍价值观：自我指导、激励、享乐、成就、权力、安全感、顺从、传统、仁爱和普遍主义。

Schwartz认为上述价值观具有普遍性，因为每一种价值都来源于人类生存的一个或多个普遍需求，包括：个人作为生物有机体的需求；对协调的社会互动的需求；对群体生存和福祉的需求。价值观可能相互冲突，也可能不相互冲突。例如，自我指导和顺从相互冲突，而顺从和传统是相容的。Schwartz从两个维度对这十个普遍价值观之间的关系进行了建模。第一个维度的目的是自我提升（包括成就）和自我超越（包括仁爱）。第二个维度的目的是乐于改变（包括自我指导）和保守（包括传统）。

通过一组拓展的价值观的思想体系来获知应用场景下的需求通常是合适的。例如，我们可能认为隐私来源于自我指导，而安全来源于安全感。在价值观的思想体系中用户可能有个人偏好——例如，Alice可能更喜欢安全而不是隐私，而Bob可能更喜欢隐私而不是安全。

理解决策环境中的关键价值观是在该环境下进行道德推理的重要的第一步。假设需要决定是否要在Alice和Bob常去的公园里安装摄像机。Alice可能认为相机拍摄人们在公园里的行为是合法的（因此也是道德的），而Bob可能会认为由此产生的数据收集行为是不道德的。

的、社会技术的角度来理解和解决算法的公平性，该角度能解决如下的问题。例如，训练算法的数据的收集过程会有哪些偏差？在配置算法时，决策者（比如判定罪犯假释的法官）会有哪些偏见？他们是否选择了适当的决策阈值？他们是否正确地领会了算法提供的建议？或者，相比应有的方法，决策者是否对一个算法提供的建议更有信心？

总结

人们对互联网伦理学的重视，使得伦理研究这一本就迷人的话题如今更具吸引力。从本质上讲，互联网伦理学不仅仅是应用伦理学的一个分支，而且还全方位地拓展了伦理学的视野。

从实践的角度来看，我们讨论的例子证明互联网伦理适用于多种情况，包括使日常活动自动化的智能手机应用，提高生活质量的智能城市应用，以及人类生命处于危险时的资源分配问题（如调度救护车）。

从理论的角度来看，互联网伦理表明，伦理不仅适用于个人决策，而且更重要的是也适用于他们所发挥作用的社会技术环境：即他们的决定所产生后果的社会和组织结构，以及促进或促成不同决策的技术实体。

本部分的后续文章将从与互联网应用程序多样性相匹配的不同角度探讨该主题。

关于作者

Pradeep K. Murukannaiah 现任荷兰代尔夫特理工大学互动智能小组助理教授。美国北卡罗莱纳州立大学计算机学科博士学位。主要研究方向是设计制造社交智能应用程序。联系方式：p.k.murukannaiah@tudelft.nl。

Munindar P. Singh 现任美国北卡罗莱纳州立大学计算机科学教授和安全科学实验室的联合主任。美国得克萨斯大学奥斯汀分校计算机科学博士学位。研究兴趣包括社会技术系统的工程和治理以及AI伦理学。IEEE成员、AAAI成员、IEEE互联网计算和Internet技术ACM事务前主编。本文通讯作者。联系方式：m.singh@ieee.org。

参考文献

[1] N. Ajmeri, H. Guo, P. K. Murukannaiah, and M. P. Singh, "Designing ethical personal agents," *IEEE Internet Comput.*, vol. 22, no. 2, pp. 16–22, Mar. 2018.

[2] M. Anderson and S. L. Anderson, editors, *Machine Ethics.* Cambridge, UK: Cambridge Univ. Press, 2011.

[3] S. Corbett-Davies and S. Goel, "The measure and mismeasure of fairness: A critical review of fair machine learning," 2018. [Online]. Available: https:// arxiv.org/abs/1808.00023

[4] J. Fieser, "Ethics," in *The Internet Encyclopedia of Philosophy*, J. Fieser and B. Dowden, Eds., 2020. [Online]. Available: https://www.iep.utm.edu/ethics/

[5] J. H. Moor, "The nature, importance, and difficulty of machine ethics," *IEEE Intell. Syst.*, vol. 21, no. 4, pp. 18–21, Jul. 2006.

[6] P. K. Murukannaiah, N. Ajmeri, C. M. Jonker, and M. P. Singh, "New foundations of ethical multiagent systems," in *Proc. 19th Int. Conf. Auton. Agents MultiAgent Syst.*, May 2020, pp. 1–5.

[7] R. Paul and L. Elder, *The Thinker's Guide to Ethical Reasoning: Based on Critical Thinking Concepts & Tools.* Lanham, MD, USA: Rowman & Littlefield, 2019.

[8] S. H. Schwartz, "An overview of the Schwartz theory of basic values," *Online Readings Psychol. Culture*, vol. 2, no. 1, pp. 11:1–11:20, 2012.

[9] M. P. Singh, "Norms as a basis for governing sociotechnical systems," *ACM Trans. Intell. Syst. Technol.*, vol. 5, no. 1, pp. 21:1–21:23, Dec. 2013.

[10] S. Verma and J. Rubin, "Fairness definitions explained," in *Proc. Int. Workshop Softw. Fairness*, 2018, pp. 1–7.

[11] G. Yuan, C.-W. Hang, M. N. Huhns, and M. P. Singh, "A mechanism for cooperative demand-side management," in *Proc. 37th IEEE Int. Conf. Distrib. Comput. Syst.*, Jun. 2017, pp. 361–371.

（本文内容来自IEEE Internet Computing Volume 24, Issue 3, May–June 2020） Internet Computing

iCANX 人物

图1　兰格教授

Robert Samuel Langer

2021年3月5日，iCANX Talks牛年第一期，有幸邀请到了誉满全球的科学巨擘——来自MIT的兰格教授展开“先进药物递送技术”的精彩讲座，年逾72岁的兰格教授依然活跃在科研一线，用一流的研究去影响更多的人。本次iCANX 人物专栏，很荣幸地邀请到兰格教授，与大家分享他科研路上的心路历程和相关成果。

罗伯特•塞缪尔•兰格（Robert Samuel Langer），生于美国纽约州奥尔巴尼，生物工程学者，哈佛大学与麻省理工学院健康科学与技术计划以及科赫综合癌症研究所教授，麻省理工学院（MIT）的12位学院教授（担任学院教授是MIT授予的最高荣誉）之一。兰格教授迄今发表过1500余篇论文，并拥有1400多项已获授权或正在申请的专利。他的h因子目前为280，被引用超过325000次，在所有的领域中被引用次数排名第四。兰格教授还是一位多产的企业家，参与了包括莫德纳在内的40多家生物技术公司的创立。到目前为止，兰格教授获得了诸多荣誉，包括查尔斯•斯塔克•德拉普尔奖（Charles Stark Draper Prize）、Lemelson-MIT奖和Albany医学中心医学与生物医学研究大奖。此外，他还是当选美国三大科学院院士（美国科学院、美国工程院和医学院）年纪最轻（43岁时）的人。

兰格教授从事科研的经历并不美好。20世纪70年代，美国正在经历严重的石油危机，美国国内的石油工业为了提高采油效率，大量招募化学工程师，那时候的兰格博士收到了20个石油公司的offer，其中世界最大的非政府石油天然气生产商埃克森美孚公司（Exxon Mobil Corporation）就给了4个offer，但是青年时期的兰格博士一个也没有接受，他将大部分精力投身于医疗领域。

但当时美国的学科设置，医学院几乎不招化学工程师，而兰格求职的几家医院也无疾而终。这时一个朋友将他推荐给了哈佛大学的Judah Folkman教授，当时的Judah Folkman教授还担任波士顿儿童医院的首席外科医生，主要研究癌症治疗方向，来到Judah Folkman教授的实验室，兰格真正开始了自己的科研生涯。

兰格似乎对体内缓释药物情有独钟，但当时科学界权威公开表示这个技术不可实现，并且已经放弃对这个方向的研究。这对当时的兰格无疑是巨大的打击。经过多次试验之后，兰格发现了一些特殊的高分子材料的确能够实现药物在体内的缓慢释放，但他的成果还是遭到了严重的质疑，他给美国卫生局（NIH）写了9个研究申请，都遭到了拒绝，直到成果发表的28年后，美国食品和药物管理局（FDA）才批准了第一个基于兰格工作的抗癌药。

不仅如此，完成了博士后工作，兰格开始申请教职，但美国卫生局的生物学家认为，兰格是化学工程出身，对生物学肯定不够了解，因而申请教职受阻。无奈之下，兰格开始将视野对准专利，希望一些制药公司能够将他的专利市场化，但专利局的律师不认为他的工作能够实现，从1976年到1981年，兰格的专利5次被拒绝，而那些制药公司看不到收入也不敢投钱，就这样，兰格不论是在求职还是申请专利上都处处碰壁。

1987年，兰格创立了第一家自己的公司——Enzytech公司，开发用于治疗糖尿病等疾病的药物释放体系，1988年，又成立了一家用于生产组织再生材料的公司，虽然两家初创公司都被收购，但兰格的技术最终得到了市场的认可。与此同时，学术界也开始承认他的工作，也在麻省理工学院获得了一席之地。那一年，他四十岁，有多少人能够在年轻的时候这样坚持，哪怕得不到全世界的认可，也依然在坚持着自己的梦想。

兰格教授表示自己最骄傲的时刻就是当年证明了控制释放这项技术是可行的。进入20世纪90年代，兰格也迎来了自己的全盛时期，在学术上厚积薄发，一鼓作气。43岁时，已经拿下众多科学大奖，以及美国三院院士的头衔。他的坚持也让他的实验室逐渐成长为如今美国最大的生物材料类实验室，拥有上百位成员，每年的研发经费总额超过1000万美元。

2016年课题组在PNAS上报道了一种可以实现量产、低成本且安全的水凝胶（见图2）。这种水凝胶是由纤维素聚合物和水凝胶二氧化硅粒子混合生成，组分之间依靠聚合物-纳米粒子的非共价键作用稳定。可实现大规模制备，从实验级别的0.5毫升到15升，甚至更大，这种水凝胶可成功应用于管道清洁和火灾扑灭。

2017年兰格教授在Nature Materials上报道了一种有机硅聚合物，被称为XPL（crosslinked polymer layer）。这种材料涂覆在人体皮肤上会形成一种极薄且透明、几乎不可见的薄膜，与人体本来的皮肤无异。在人体实验中发现，这种材料可以消除眼袋（见图3），具有很强的保湿能力，可以防御紫外线，并不怕水洗。这种材料宛如人类的“第二层皮肤”，能够很好地保护皮肤，使肌肤恢复青春。

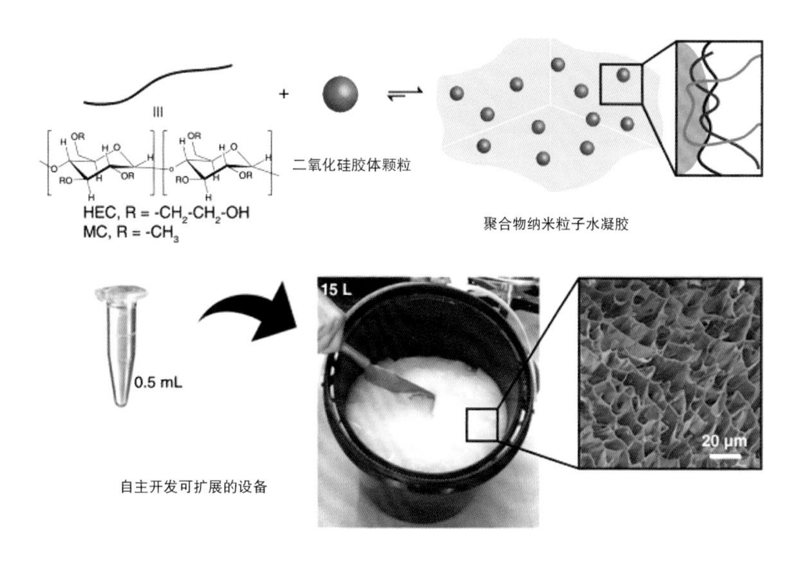

图2 可量产、低成本且安全的水凝胶

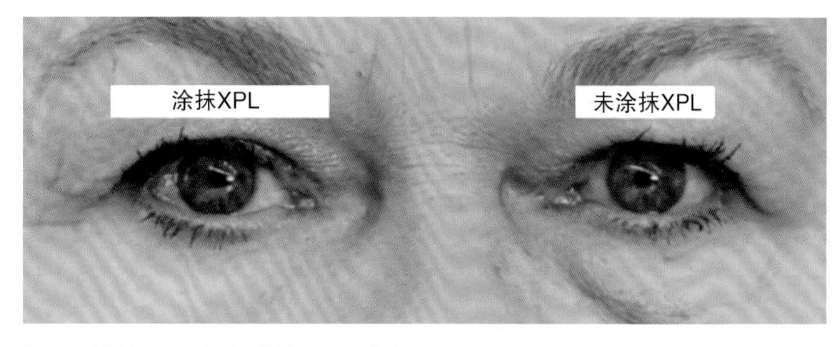

图3 涂抹XPL与未涂抹XPL对比

Living Proof是成立于2005年的美容产品公司，《老友记》中的好莱坞女星Jennifer Aniston是这家公司的代言人及投资人之一。Living Proof的洗发水中用到的一种叫做Polyalkylaminoester-1的聚氨基酯，就是兰格教授团队在研究基因疗法的过程中发现的；团队开发的最新产品就是一种叫做Neotensil的明胶，它可以起到紧致皮肤的效果。这种产品是一种可以贴在脸部的聚合物膜，它可以模拟年轻皮肤的紧致和弹性，只要把它贴在脸上，就可以重新塑造皮肤形象；此外，公司还推出了一款去眼袋的神器，由两支特制凝胶和一支按摩器组成。凝胶能够帮助遮盖眼袋，形成一层无形的弹性膜，使用者无需去医院更无需动刀。

2020年，全球新冠肺炎大流行期间，兰格教授旗下的莫德纳公司推出了mRNA新冠疫苗，因临床安全且耐受性良好的消息让美国各界信心振幅，莫德纳公司的股价也上涨了超过600%。到目前为止，兰格教授已经参与包括莫德纳在内的40多家生物技术公司的创立，有超过200万患者受益。

兰格教授说自从20世纪80年代创立第一家公司起，他创办公司的原则和策略一直没变过，但许多投资者的投资兴趣和重心在变。他的某些创意在今天看来也许有更大空间，要让这些创意发明变现，仅仅是单一公司或平台来操作也许有难度，所以他还是坚持先建好强大的基础。有SP作铺垫，资金和合作伙伴自然会随您而来。

兰格教授认为任何成功的企业，需要有好的合作伙伴、能干有执行力的CEO，并要有专业和给力的投资者。对初创企业而言，CEO和投资者很好沟通和互相理解支持十分重要。好的风险投资对企业有很大帮助。兰格教授本人深得风险投资者的信赖。他的科技做得好，他对创办科技企业很有心得和经验，所以在什么时候找钱，问谁要钱，怎么谈价，他都十分有把握。这些良性循环让他在资本界如鱼得水。这就是他既做教授，又做企业家的成功之处，在这个世界上，也许很少有像他这样多产高效的科技和商业二栖大鳄。他的成功自然有他的道理。难怪世界上最大的健康产业慈善基金也要请他当顾问，评审许多Great Challenging项目。

Martin Green

2021年3月12日，iCANX Talks 牛年第二期，有幸邀请到了硅基太阳能技术先驱——马丁教授展开关于太阳能电池的精彩讲座，与大家分享他科研路上的心路历程和相关成果。72岁的马丁教授依然高大帅气，活跃在科研一线，为光伏产业做出更大的贡献，引领更好的未来！

图4　马丁教授

提到太阳能电池，不得不让我们联想到被誉为“硅基太阳能技术先驱”的马丁•格林（Martin Green）教授，因其在光伏科技方面做出的大量杰出贡献，马丁教授被广为称道。这些贡献包括明确硅基太阳能电池性能的理论极限，并带领团队展示出了效率不断逼近该极限的电池装置。达到25%效率的电池装置如今已被实现。该效率比他工作初期时的相对数值高出了50%以上。他还研发了这类高性能电池的新型商业模板，并作为先行者推动了以类卡诺循环太阳能转换效率为目标的“第三代”光伏的发展。

关于为什么会选择太阳能电池方向，马丁教授也有一段有趣的故事。

1973年10月，第四次中东战争爆发，国际石油输出国组织（OPEC）为了打击对手以色列及支持以色列的美国等国家，宣布石油禁运，暂停出口，造成油价上涨。当时原油价格从1973年的每桶不到3美元涨到超过13美元。

这次石油危机引起了人们的广泛关注，各国开始寻找替代能源以及风能、太阳能等新能源，因此太阳能技术步入了快速发展期。

这时，正在加拿大求学的青年马丁说道："微电子专业实在是太不爷们了"。因此与微电子出自同源的光伏产业成了他的第一选择。多年后，马丁回忆当时为什么会选择光伏产业，他对媒体说道："当时我看到微电子技术的应用大部分都集中在娱乐方面，比如多媒体的发展，我觉得这个方向不是一个成年男子应该专注的领域。"

自此，马丁开始了太阳能电池的研究，在博士期间，马丁博士探究了TOPCON技术，而目前这项技术也是光伏产业最前沿的工艺技术。1974年，马丁教授在澳洲南威尔士大学成立了一个太阳能光伏研究小组，专注硅太阳能电池的研究。相比美国投入大量的资金去发展太阳能电池产业，资金不足的小组成员只能使用最简单的设备进行研究，有些设备还是在废弃金属堆中拣回实验室的。尽管如此，在马丁教授的带领下，这个澳洲的小团队也开始取得进展。"1983年，我们打破的第一个世界记录就是在晶硅片电池的转化效率上，两年后，成功地把效率提高到20%。"

随后，马丁教授提出了电池结构的一个重要概念——"PERC"，也就是在传统的太阳能电池底电极前加入一层钝化层。PERC技术可以增大底电极对光的反射，实现光的充分吸收。另外，钝化层的加入也抑制了电子在底电极附近的重结合，进一步提升了光伏效应的效率。PERC技术的商业化获得了巨大的成功，在并未大幅度增加制造难度的基础上将能量输出提升了5% ~12%。时至今日，超过一半的太阳能电池产品都采用了马丁教授提出的PERC技术。

UNSW太阳能研究所，除了晶硅电池之外，还从事薄膜太阳能电池的研究。

不仅如此，马丁教授还为太阳能电池的教育做出了极为重要的贡献。发表了有关太阳能电池的论著六部，有关半导体、微电子、光电子和太阳能电池的论文多篇，曾获多项国际大奖，包括1999年澳大利亚奖、2000年世界可再生能源大会千禧奖、2002年"优秀民生奖"(又称"另类诺贝尔奖")、2004年世界能源技术奖、2008 年度科学家、2018 全球能源奖、2021 日本国际奖。

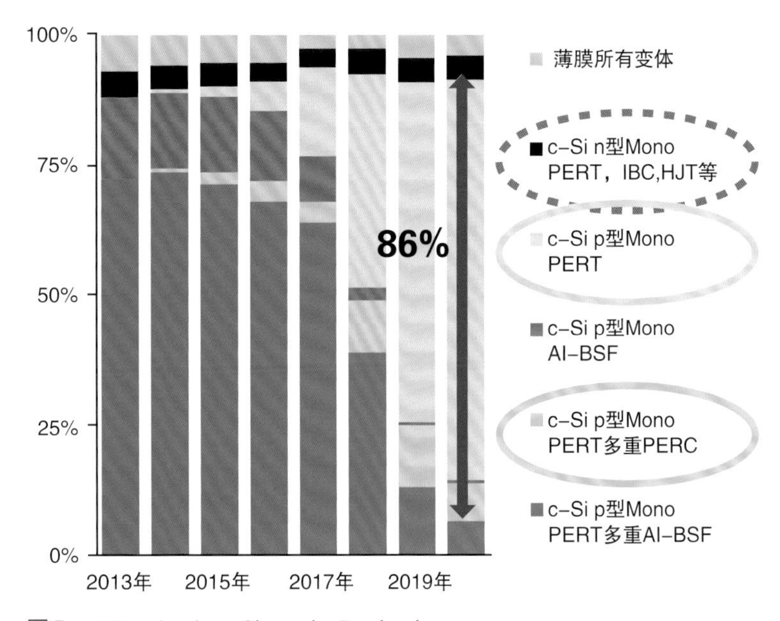

图5 PV Technology Shares by Production

随着研究成果越来越多，马丁教授的名声也越来越大，从1982年获得澳大利亚科学院的勋章开始，到2002获得瑞典正确生活方式奖，科研条件也在逐步改善。1995年，马丁教授成立了

马丁教授不仅在学术研究上做出了卓越的贡献，更培养出了一大批优秀的学生和一批又一批从事太阳能电池领域的高端人才。迄今为止，在马丁教授指导的120多名

图6　马丁教授获奖照片

博士生中，有50名来自中国，包含大家耳熟能详的施正荣、赵建华、张光春、郑广富、宋登元、戴熙明等人。

其中的杰出代表就是本期的特邀嘉宾施正荣博士。施博士是马丁教授培养的第十二个博士生。他在新南威尔士大学毕业之后，带着知识、技术、热情和梦想回到祖国，于2001年创立了自己的公司，取名SunTech Power，也就是大名鼎鼎的尚德太阳能电力公司。尚德从无到有，开辟了太阳能电池大规模产业化的道路，在短短几年之内迅速获得了巨大的成功，成为当时全球最大的晶硅太阳能电池组件制造商，并于2005年在纽交所挂牌上市。施博士为国内乃至全球光伏产业的发展做出了开拓性的杰出贡献。马丁教授称赞施博士在太阳能电池成本降低的过程中发挥了至关重要的作用，并戏称施博士是他的所有学生里最富有的一位。

马丁教授曾在我们先前的采访中表示，他为这些杰出的中国学生感到骄傲，他们刻苦勤奋，踏实认真。同时，马丁教授也见证了中国光伏产业的快速发展。1984年，马丁教授第一次来到中国，当时的中国正值改革开放初期，正在起步，但现在的中国已经成长为世界第二大经济体，他见证了中国的迅速崛起和日益强大，对此他感到十分荣幸，他对中国的光伏产业十分看好，他认为中国的光伏产业很有希望，并且中国的光伏产业也是走在世界平均水平前面的。

对于光伏产业未来的发展，马丁教授表示降低太阳能电池的成本，让光能转化效率更高是下一步的挑战，并表示大规模应用太阳能电池在有效控制碳排放和全球气候变化方面具有深远意义。

据国际能源署报道，太阳能电池的成本已经从2008年的4.12美元每瓦降低到2020年的0.17美元每瓦，在12年间实现了24倍的成本降低。全球主要国家和地区也都在大力加码光伏产业方面的部署，全球装机产量有望在近几年内达到1 TW这样一个关键数字。这将对在全球范围内控制碳排放产生非常积极的作用。

图7　马丁教授与施博士一起在纳斯达克敲钟

科学派

爱因斯坦和霍金的朋友圈

加州理工学院数学系所在的林德楼（Linde Hall）门厅里，装饰着一块金属板。金属板上有很多孔，乍一看排列得非常不规则。

图1　林德楼门厅里的金属板

我们把镜头拉近，能看得更清楚。

图2右上角有3个孔，然后是一个独特的长条形洞，再然后是1个孔、4个孔、1个孔、5个孔……读者应该已经看明白了，这些孔表示的是圆周率，3.1415……

在实际计算中，圆周率常用的近似值是3.14。所以3月14日这个日期被称为“圆周率日”，英语是Pi Day。

因为Pi跟Pie（馅饼）同音，所以庆祝Pi Day经常要吃馅饼。

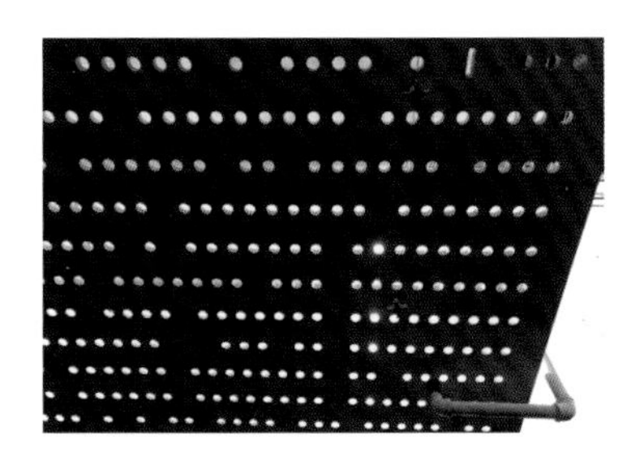

图2　金属板放大图

图3　圆周率日排队领取馅饼

加州理工学院学生在圆周率日排队领取馅饼（见图3）。

圆周率是一个在数学和自然科学里经常出现的常数，爱因斯坦最伟大的工作——广义相对论里的爱因斯坦场方程中就出现了圆周率：

$$G_{\mu\nu} + \Lambda g_{\mu\nu} = \frac{8\pi G}{c^4} T_{\mu\nu}$$

继爱因斯坦之后，著名的物理学家——霍金（1942.1.8—2018.3.14）为广义相对论作出了巨大贡献。霍金逝世于2018年3月14日，让我们同样缅怀这个伟大的灵魂。（霍金的生日1月8日则是伽利略的忌日）

除了霍金之外，还有一位探索宇宙的物理学家，1983年诺贝尔物理学奖得主——威廉•福勒（William Fowler，1911.8.9—1995.3.14），也逝世于3月14日。

福勒得到诺贝尔奖后，被人称为“核炼金术士”。为什么呢？因为他最著名的一篇论文是跟玛格丽特•伯比奇（Margaret Burbidge）、杰弗里•伯比奇（Geoffrey Burbidge）和弗雷德•霍伊尔（Fred Hoyle）一起写的《恒星内部的元素合成》，描述了恒星内部通过核合成反应而形成化学元素的过程。这篇论文通常按四位作者的首字母简称为B2FH论文。

福勒在加州理工学院获得博士学位，后来一直在那里任教，而爱因斯坦和霍金都跟加州理工学院有着不解之缘。

加州理工学院位于洛杉矶附近的帕萨迪纳市，气候温暖。从1931年到1933年，爱因斯坦在加州理工学院连续度过了三个冬天。

当时加州理工学院的校长密立根（Robert Millikan）想把爱因斯坦聘请为教授，但是爱因斯坦最终还是选择了普林斯顿高等研究院。

尽管如此，加州理工学院仍然把爱因斯坦当作自己的骄傲。《爱因斯坦全集》编辑部就在加州理工学院。《爱因斯坦全集》第一卷出版于1987年，今年准备出版第十六卷，大概平均两年出版一卷。计划还要再出版十几卷，按现在的速度还得三十多年才能出全。

图4 《爱因斯坦全集》编辑部

密立根是加州理工学院第一位诺贝尔奖得主。在他主政期间（1921—1945），加州理工学院从一所地方高校发展成为世界一流大学，拥有了鲍林（Linus Pauling，1927年入职）、摩尔根（Thomas Morgan，1928年入职）、冯•卡门（Theodore von Kármán，1930年入职）等一批泰斗级科学家。

密立根最著名的工作是测量电子电荷的油滴实验。在密立根油滴实验里，电子的电荷由公式计算出来，其中也有圆周率：

$$q=\frac{4\pi r^3 g\,(\rho-\rho_{\mathrm{air}})\,d}{3V}$$

密立根有一位中国学生袁家骝，是袁世凯的孙子。1942年，袁家骝与吴健雄在密立根家中举行婚礼，钱学森为婚礼拍摄了影片。吴健雄夫妇跟爱因斯坦也很熟。据他们的孙女袁婕塔（Jada Yuan）说，爱因斯坦曾到医院看望产后的吴健雄。

吴健雄闻名于世的工作是用实验证实了李政道与杨振宁提出的宇称不守恒定律。李政道和杨振宁因此而获得了1957年诺贝尔物理学奖。（对吴健雄的详细介绍见《今日，美国邮政署向这位华人女科学家致敬》）

吴健雄论文里用来说明宇称不守恒定律的一幅插图，里面也出现了圆周率（图5）。

李政道和杨振宁关于宇称不守恒定律的原始论文里也有圆

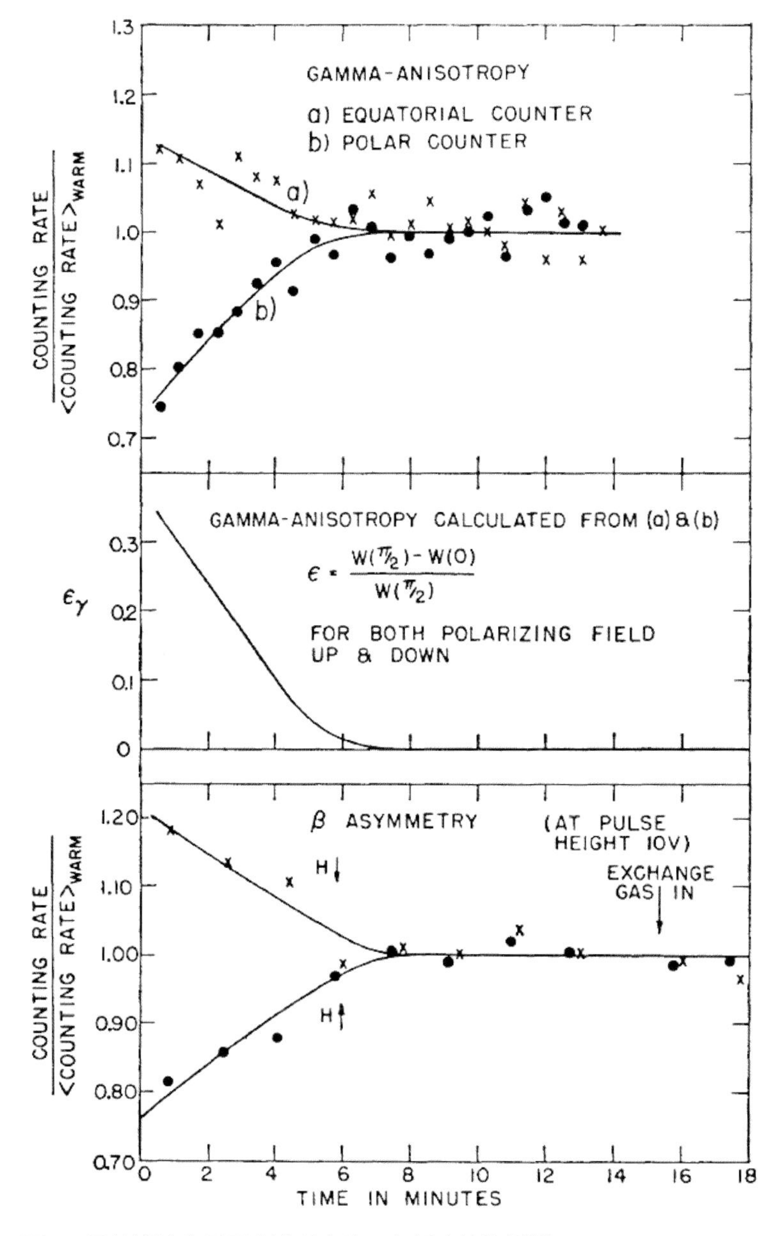

图5 吴健雄论文里用来说明宇称不守恒定律的插图

周率。

杨振宁先生跟爱因斯坦在普林斯顿高等研究院做过五六年同事，但他很遗憾的一件事就是没有跟爱因斯坦合过影。爱因斯坦去世后，李政道先生也在普林斯顿高等研究院工作过两年。

杨李二人曾写过两篇统计物理论文，爱因斯坦很感兴趣，请他们到自己办公室里讨论，交流了一个多小时。

爱因斯坦在他生命的最后二十年中一直致力于“统一场论”的研究。广义相对论的数学基础是微分几何，所以爱因斯坦认为统一场论也应该依赖于微分几何。1943年，一位年轻的中国微分几何学家——陈省身来到普林斯顿高等研究院，爱因斯坦同他讨论了统一场论中的几何问题。

陈省身先生在普林斯顿期间完成了他一生中最重要的两项工作：高维高斯-博内公式的内蕴证明，以及陈示性类。

$$\chi(M)=\int_M \frac{1}{(2\pi)^n}\mathrm{Pf}(\Omega)$$

后者可以用陈省身和韦伊（André Weil）发现的公式来表示：

$$\det\left(\frac{it\Omega}{2\pi}+I\right)=\sum_k c_k\ (V)t^k$$

毫不意外地，上面两个公式中都出现了圆周率。

陈省身先生还有一项非常重要的工作，是跟西蒙斯（James Simons）合作的陈-西蒙斯理论，在物理中有许多应用。

圆周率在爱因斯坦朋友圈里出现的太多了，讲一天都讲不完。我们还是就此打住，转头来看看霍金。霍金于1974—1975年在加州理工学院访问了一整年，在此期间最终完成了他关于黑洞霍金辐射的工作。后来他几乎每年冬天都会到加州理工学院访问一段时间，多次作公众演讲，顺便到好莱坞客串一下影视剧。

他在加州理工学院有很多朋

友，其中一位是广义相对论专家，2017年诺贝尔物理学奖得主——基普•索恩（Kip Thorne）。

索恩有一个天文学家朋友叫卡尔•萨根（Carl Sagan）。萨根想写一部关于外星文明的小说，就去问索恩："怎样才能实现星际航行呢？"索恩告诉他可以通过"虫洞"。于是萨根就描写一个神级外星文明，在宇宙中留下了虫洞系统，造福后来者。

萨根这人的脑洞非常大，他描写的神级文明甚至能把自己的信息编码到圆周率里面。小说结局里，女主角用计算机把π的11进制表示计算到1020位之后，发现数字都变成了0和1。把这些0和1排成一个正方形，其中的1就组成了一个圆形。

索恩自己后来也试水好莱坞，作为联合制片人拍摄了一部电影《星际穿越》。索恩说他想要拍一部科学上没有错误的科幻电影，所以对电影里的科学细节非常重视。他为此写了一篇论文和一本科普书。电影编剧乔纳森•诺兰（Jonathan Nolan）为了理解广义相对论，到加州理工学院从基础的数学和物理课程开始学习，总共旁听了四年。

索恩等人发表了一篇关于黑洞效果的论文，其中大量出现了圆周率。

霍金在加州理工学院还有一位朋友——普里斯基尔（John Preskill），是量子计算的领军人物。

普里斯基尔在2012年的一篇论文中提出"量子霸权"（又被称为"量子优越性"）的概念，成为近年来有关量子计算的新闻报道中的热点。

普里斯基尔2012年论文里的一幅插图，也有圆周率。

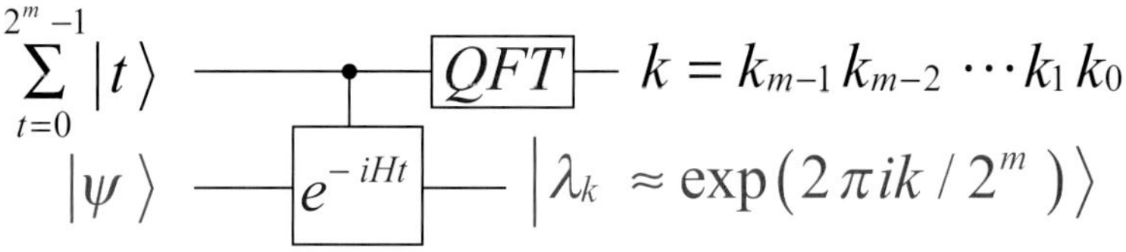

$$\sum_{t=0}^{2^m-1}|t\rangle \quad \text{QFT} \quad k = k_{m-1}k_{m-2}\cdots k_1 k_0$$

$$|\psi\rangle \quad e^{-iHt} \quad |\lambda_k \approx \exp(2\pi ik/2^m)\rangle$$

图6 普里斯基尔2012年论文里的插图

然而，霍金在加州理工学院最出名的朋友恐怕是一个虚构人物——谢尔顿•库珀（Sheldon Cooper），中国网友称之为谢耳朵。

霍金多次在美剧《生活大爆炸》里客串。这部电视剧里，几位主角是加州理工学院的科学家，其中谢耳朵是物理系教授。他有时走路上闲着没事就会把圆周率背到小数点后1000位。

那么，为什么科学家们对如此情有独钟呢？这是因为圆形/球形是自然界里常见的形状，而研究圆形/球形就必然要涉及圆周率。即便研究对象不是严格的圆形/球形，也经常会为了方便而假设它是圆形/球形，例如密立根油滴实验里就假设油滴都是球形。

另一方面，角度最自然的度量单位是弧度。在弧度制下，才有这样简洁的等式：

$$\frac{d}{dx}\sin(x) = \cos(x)$$

周角是2弧度，所以在涉及角度的问题中经常会出现，关于宇称不守恒定律的论文就是这种情况。

基于这些原因，圆周率在科学里占据了一个独特的地位。为了庆祝圆周率日，同时缅怀爱因斯坦和霍金等伟大的科学家，吃货们会以此为借口品尝馅饼或者任何圆形的食物。那么，热爱美食科学的你还等什么呢？

注：本文是倪忆在宋庆龄学校圆周率日活动上的讲演稿。感谢宋庆龄学校的邀请，并感谢师生们的热情参与！

科学新星

让科技充满人文关怀——睿羹CalmSpoon

他们关注弱势群体，走近帕金森病症患者，立志于改变震颤类疾病患者的生活现状；他们心怀暖阳，把人文关怀注入科技，致力于将所学技能带动“智慧医疗”的落地；他们笃定前行，将顽疾苦难转化为科研的动力，与“帕友”一路同行。他们就是北京科技大学睿羹CalmSpoon团队——一群书写创新与社会责任的青年大学生（见图1）。

关爱弱势群体，科技让生活更美好

帕金森病，一种神经系统变性疾病，重症患者常常因为肢体震颤，不能自主进食、喝水，致使自尊心容易受到伤害；不仅帕金森病，甲亢、特发性震颤等疾病，同样可能引起严重震颤症状。在中国，约有3000万人患病，无数家庭因此困扰。一支由北京科技大学自动化学院发起、多学院、跨专业组合的团队——睿羹CalmSpoon防抖餐具团队，决心用科技的力量，给患者带去生活的希望。顺应医工结合发展趋势，团队成员结合自身专业，投入了大量时间学习、研究，通过调研，设计了一款帮助他们进食自理、提升生活质量的防抖餐具。同时团队应用大数据分析、知识图谱等技术，开发了APP提供智慧医疗服务（见图2）。

图1　睿羹CalmSpoon团队

打磨研发不断精进，产品亮相央视

项目由北科大自动化学院的宋广轩、秦昕和机械学院的王美军等同学在2017年的本科生科研训练项目中立项，在自动化学院付冬梅教授指导下，学习了单片机开发、控制算法、三维建模等技能，经过一年时间研发出功能样机。

项目最初完成时，并不被大家看好，校内的创新创业比赛中，经常第一轮被淘汰。但团队并没有放弃，大家互相鼓励，一边通过学习继续提升作品性能，一边积极搜集不同专家老师的意见，进行针对性的修改。

“我的专业，免不了要面对冷冰冰的机器，与各种电子元器件、一段段代码打交道，我相信，我们可以给它们注入生命，用有温度的创新，让科技充满人文关怀。”睿羹创始人如是说。在项目推进过程中，团队成员发挥自身专业特点，以赛促学，提升了专业实践能力。同时与专家、患者等交流，培养了团队学科交叉意识，开拓了团队视野。当团队与医生、肢体震颤患者接触时，看到患者生活里虽然有种种不便，但仍然坚持锻炼、互相加油打气的一幕时，团队深受感触，也坚定了要继续做有温度的

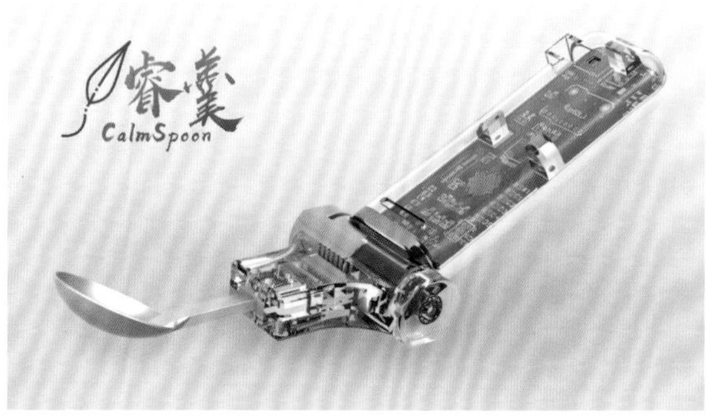

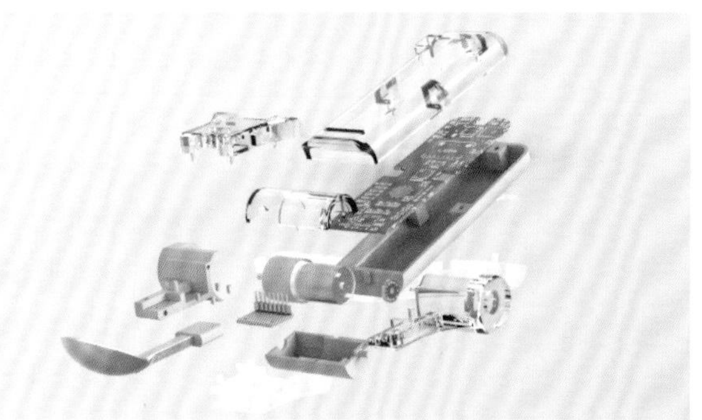

图2　防抖餐具

创新的初心。

随后团队在比赛中继续打磨作品，不断提升性能和操作逻辑，并设计了APP和基于知识图谱的问诊功能。团队秉持“让科技充满人文关怀”的理念，与医学专家、工程专家、患者等深入交流，进一步了解用户需求。团队扩大规模，补充自动化学院、机械学院、计通学院、经管学院同学的力量，并在创新创业中心邓张升老师的指导下，进一步了解市场，同步推进原型机的产品化设计。

最终，团队作品荣获“挑战杯”首都大学生创业计划竞赛金奖、“西门子杯”中国智能制造挑战赛全国一等奖、“华为杯”中国大学生智能设计竞赛全国亚军、2020年iCAN大赛国际赛金奖等多项国家级、省部级奖项，参加“2020年中国北京国际科技产业博览会”等展览；获得授权软件著作权2项、实用新型专利1项，发明专利进入实质审核阶段；团队得

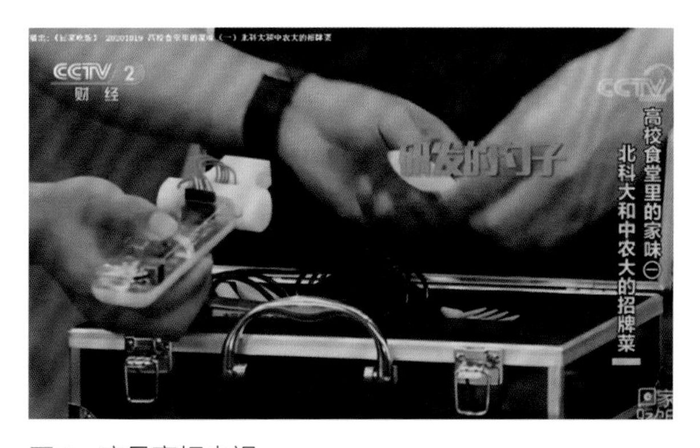

图3　产品亮相央视

图4　搜集不通专家老师的意见

到京东方数字医院部专家、国际大学生iCAN创新创业大赛发起人等的关注和鼓励；被中央电视台、海淀融媒、优酷等媒体多次报道；被评选为2019年“感动北科”团队，让越来越多的人关注到震颤类疾病患者。

智慧医疗指引发展方向，做有温度的创新

荣誉代表过去，未来更加可期。拿到多项荣誉之后，团队并没有停下脚步，而是朝着更贴近市场的产品持续优化。智慧医疗的趋势，指引着团队下一步的方向。他们不断探索，面对互联网不断生长的海量医学知识，使用深度学习、知识图谱技术，深入知识层面，动态挖掘震颤类疾病的规律，应用于产品升级。目前团队正在进一步优化产品，研发策划已经进入小批量试产阶段，期望进一步完善患者验证。

“很庆幸没有在最初被否定的时候就放弃，我们才有机会和睿羹一起成长。”长期的专注与坚持、敢于梦想、敢于挑战是创新者的素质。小发明也有大情怀，他们坚持让充满创新精神与人文关怀的初心引领自己，他们会和千千万万的创新者们一起，坚持去做有温度的事，在创新的路上一同向前，为给患者带来更优质的生活贡献青年力量。

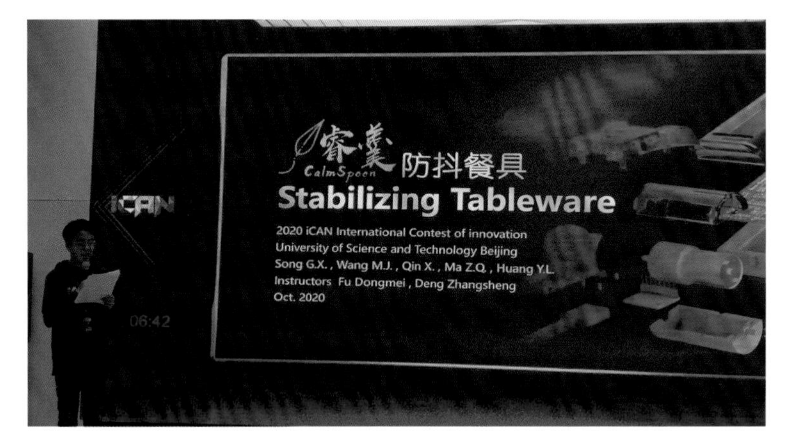

图5 睿羹CalmSpoon团队荣获各类奖项

未来科学家

科学挑战者专栏——宋宇

2020年10月，iCANX首届研究生联赛在青岛落下帷幕，来自北京大学的宋宇博士获得冠军，本次科学挑战者专栏，很荣幸地邀请到宋宇博士，与大家分享他科研路上的心路历程和相关成果。

宋宇，美国加州理工学院医学工程系博士后研究员，在高伟教授课题组从事可穿戴生物传感方向的研究。2015年本科毕业于华中科技大学光学与电子信息学院，2020年获得北京大学信息科学技术学院理学博士学位。主要研究方向包括微能源供给、健康医疗监测、柔性电子器件、生物汗液传感以及智能微系统等相关领域，累计在Nature Biotechnology, Science Robotics, Science Advances, Matter, ACS Nano等发表期刊及会议论文60余篇，其中第一作者论文17篇，被引用1700余次(H因子24)，已授权发明专利10余项，出版英文专著1章，受邀担任多个学术期刊独立审稿人，获得各类奖励荣誉20余项，包括2019年度“美国百人会”英才学者奖以及2020年中国电子学会优秀博士论文。

图1　宋宇博士

图2　宋宇博士与张海霞教授和高伟教授在加州理工学院合影

宋宇本科毕业后，直博保送到北京大学信息科学技术学院，加入张海霞教授课题组，在张海霞教授的指导下开展了一系列微型能源相关的研究工作，打下了比较坚实的理论与实验基础，并与实验室师兄合作，在柔性传感以及自充电能量单元的研究上有所突破。之后，宋宇于2018年9月前往加州理工学院高伟教授课题组交流访问，将两个课题组研究领域相结合，取得了一系列突出的成果，分别研发了全激光加工的针对新陈代谢健康的多模态传感平台和基于摩擦发电机供能的全集成汗液传感系统，受到了海内外多家期刊和媒体的追踪报道。

近年来，随着可延展生物电子技术的发展以及柔性聚合物薄膜、多功能纳米材料的深入研究，针对不同生理信号、采用不同机理与结构的传感元件被大量研发和广泛采用，使得定制化、智能化的医疗健康模式成为可能。但是这就要求系统能够提供长时间稳定的能量供给并且具有较好的生物兼容性，而目前的智能微系统存在输出性能不高、生物兼容性差以及应用场景受限等问题，难以满足实时精确进行健康监测的需求。

因此，宋宇博士重点关注面向健康监测的集成化智能微系统领域，采用自下而上的研究思路，将微能源器件与功能传感器件相结合，从聚合物优化、多维度电极制备、多模态信号传感、集成化结构设计以及多功能系统集成等方面，开展了全面深入的研究。利用多尺度加工工艺，将性能优异的摩擦电发电机、超级电容器组合得到柔性自充电能量单元，并与压阻传感器、电化学传感器集成得到自驱动监测贴片与自供能传感平台，以体温、呼吸频率、脉搏等物理信号与汗液中尿酸与酪氨酸等富含人体健康信息的化学信号为检测对象，最终构建了面向健康监测的集成化智能微系统。下面将分别介绍宋宇博士的相关研究工作。

首先，研发了具有生物兼容性的高性能柔性微能源器件，从理论分析、结构设计、制备工艺及性能表征等方面对摩擦发电机、超级电容器进行探索。针对人体运动能的高效采集，设计了单表面式与自由式两种工作模式的摩擦发电机，结合能量管理电路，大幅提升了传输性能；基于多衬底的碳纳米管电极，得到具有良好的存储能力与循环稳定性的超级电容器。

其次，提出了三明治结构的自充电能量单元，实现了高效的能量采集与存储。利用氟碳等离子体单步处理，进行聚合物淀积与褶皱结构的加工，大幅提升了摩擦发电机的表面电荷密度；利用渗透理论进行碳纳米管复合电极制备，得到了固态柔性超级电容器，展现了可靠的机械强度与快速的充放电能力。将并联的摩擦发电机置于封装的超级电容器上下两面，组装成自充电能量单元，用于稳定驱动电致变色器件，实现了智能显示、可视化预警功能。

此外，为了满足人体健康的监测需求，提出了一体式结构的自驱动监测贴片。基于"溶液-挥发"通用工艺，得到了具有不同参数的多孔CNT-PDMS导电弹性体。一方面，采用多孔结构的压阻传感器实现对人体多种力学信号的高灵敏响应；另一方面，将多孔导电弹性体比表面积大以及导电性强的优势结合，微型超级电容器展现了可靠的电化学性能。两种器件集成的自驱动监测贴片在生理信息监测、人机安全通信及阵列定位识别等方面进行了应用展示。

进一步，设计了全集成结构的自供能汗液传感平台，实现了运动过程的能量采集与实时传感。采用柔性印制电路板加工技术，实现了自由式摩擦发电机与能量管理电路的同步加工，并集成了带有微流体结构的化学传感单元。在人体运动的过程中，摩擦发电机大面积高效率地进行能量采集，经过供能管理电路模块，驱动化学传感器对汗液中的氢离子与钠离子进行连续动态信号响应，通过蓝牙无线发送到用户界面，进行生理信息的及

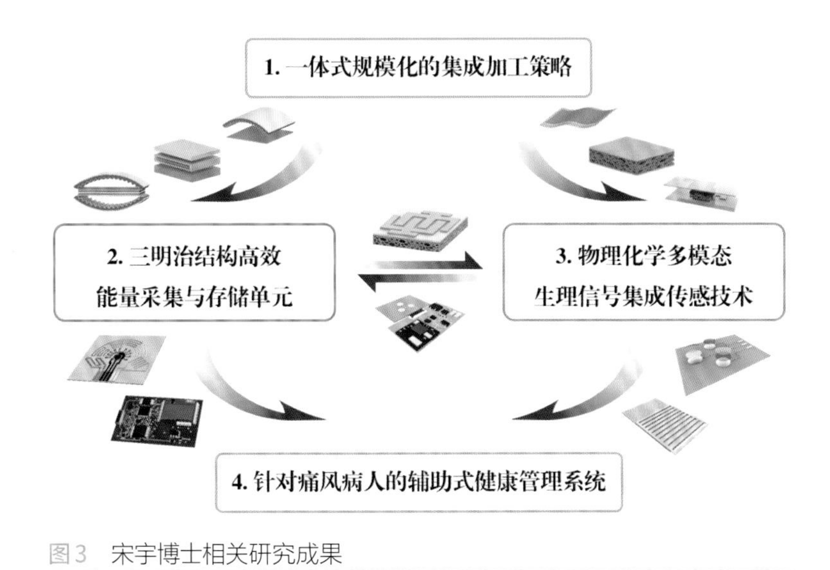

图3　宋宇博士相关研究成果

图 4　宋宇博士参加北京大学第三届十佳导师答辩

时分析与反馈。

最后，研发成功了集物理与化学传感为一体的集成化健康监测系统，实现了对生理信号的连续监测以及针对痛风等特种疾病的辅助诊断和健康管理。基于全激光加工方式，得到多模态传感平台，用于体温、呼吸频率、脉搏以及汗液中尿酸和酪氨酸的实时传感。这种集成化健康监测系统，可以实现运动过程中人体多部位连续性的生理信号监测。同时，通过饮食对照实验，证实了汗液中尿酸与酪氨酸作为新陈代谢重要标志物的可行性，实现了无创实时监测与辅助精准治疗相配合的闭环健康管理系统。

宋宇博士针对面向健康监测的集成化智能微系统的相关理论、工艺、器件和应用开展了全面深入的研究，采用集成化的系统设计思路和规模化的加工策略，将高效能量采集与存储技术与多模态生理信号集成监测相配合，实现了辅助式健康管理闭环系统，为运动监测、医疗保健、健康管理等领域提供了新的发展思路。

科学挑战者专栏——李玥

李玥，2017年本科毕业于中山大学化学学院，现就读于中国科学院苏州纳米技术与纳米仿生研究所，博士二年级在读，导师为张珽研究员。专注于面向灵巧假肢手的柔性触觉传感器件研究，参与科技部变革性技术关键科学问题重点专项。荣获第一届iCANX研究生学术联赛冠军，主持之江实验室2020届之江国际青年人才基金。

图 5　张珽课题组团队成员合影

图 6　李玥参加iCANX研究生学术联赛总决赛答辩

研究背景与意义

如何让假肢佩戴者重获触觉，提升残疾患者的自主生活能力？针对这一关键问题，假肢手近年来备受康复领域关注并取得了一定研究进展，但假肢手的弃用率仍然很高，主要原因是缺乏有效的触觉感知反馈。传统的假肢手更像是一个简单的夹持器，虽然可以握住物体，但无法知道施加多大的力合适。而智能假肢可以配备仿生电子皮肤来模仿人手皮肤获取不同的外界信息，成为假肢手机电系统与生物神经反馈之间的连接纽带。

“目前假肢手配备的电子皮肤仍集中在单一压力信息检测，无法获取更丰富的触觉信息”，李玥介绍到。对比于人手的灵巧操作过程，除了凭压力感知物体接触，还需感知物体滑动和重量等多种信息，这与剪切方向的静摩擦和滑动摩擦密切相关。国内外在柔性剪切力传感器方面进行了前沿探索，但仅能实现压力与剪切力的区分，如何对静摩擦力与滑动摩擦力选择性响应仍是亟待解决的难题。

“如何让假肢手感知到滑动与物体重量？”张珽研究员建议，“先学习人手的感知机制，或许可以从中获得启发”。李玥查阅大量文献后得知：人手实现多种力选择性感知的关键在于人手表皮的指纹与指纹皮下的机械感受器。指纹结构可以传导精细纹理的信息；指纹皮下的四种机械感受器可以选择性响应多种类型的力，其中的拉菲尼小体便是仅对剪切力敏感。机械感受器在受到外界力学刺激后产生不同频率的脉冲电压，而后传递到中枢神经即引发触觉感知。

基于上述的挑战与真实皮肤的仿生学灵感，李玥同学在张珽研究员指导下，面向灵巧假肢手的触觉传感需求，开展柔性仿生触觉电子皮肤传感器相关研究。在近期发表于Research的相关工作中（DOI: 10.34133/2020/8910692），通过仿指纹结构设计，突破了选择性响应的难点，实现了对静摩擦力和滑动摩擦力的高选择性响应；并结合仿生信号编码方法，实现器件信号与神经系统的信号兼容。后期构建了具有压力感知、滑动与静止的精确区分以及物体材质辨识能力的柔性电子指纹系统，并积极探索该柔性触觉感知系统与假肢手集成后的功能演示及验证。

具体创新成果

首先，如何通过仿生结构设计来实现高选择性响应？受指纹凸起的山脊状涡纹结构启发，通过对类皮肤柔性电容式电子皮肤传感器的仿涡纹结构设计，实现了对动静摩擦的选择性响应。不同于传统电容式力学传感器的设计，电容极板是垂直于基底的螺旋微柱。通过对电容极板取截面进行固体力学变形的有限元分析，以及进一步的通过固体力学与静电场多物理场耦合，可以得出：该类型器件，所受力的类型不同时，电容相比初始值或增大或减小，从而达到选择性响应的目的。李玥介绍：“不同于以往的电容式电子皮肤，该设计突破了选择性响应的难点，可以凭单个器件实现对静摩擦力和滑动摩擦力的高度选择性响应。”

其次，如何进一步实现感知器件与生物神经系统的信息传递与兼容？“假肢的触觉感知不单单是器件层面实现传感就结束了的，传感的信号如何传回人体，人体如

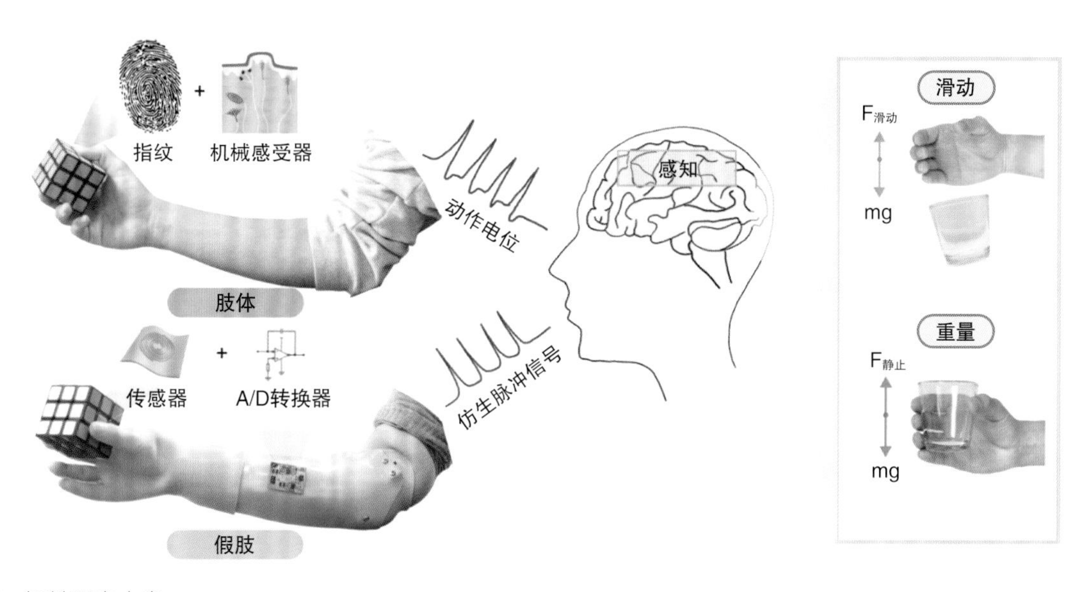

图7　相关研究内容

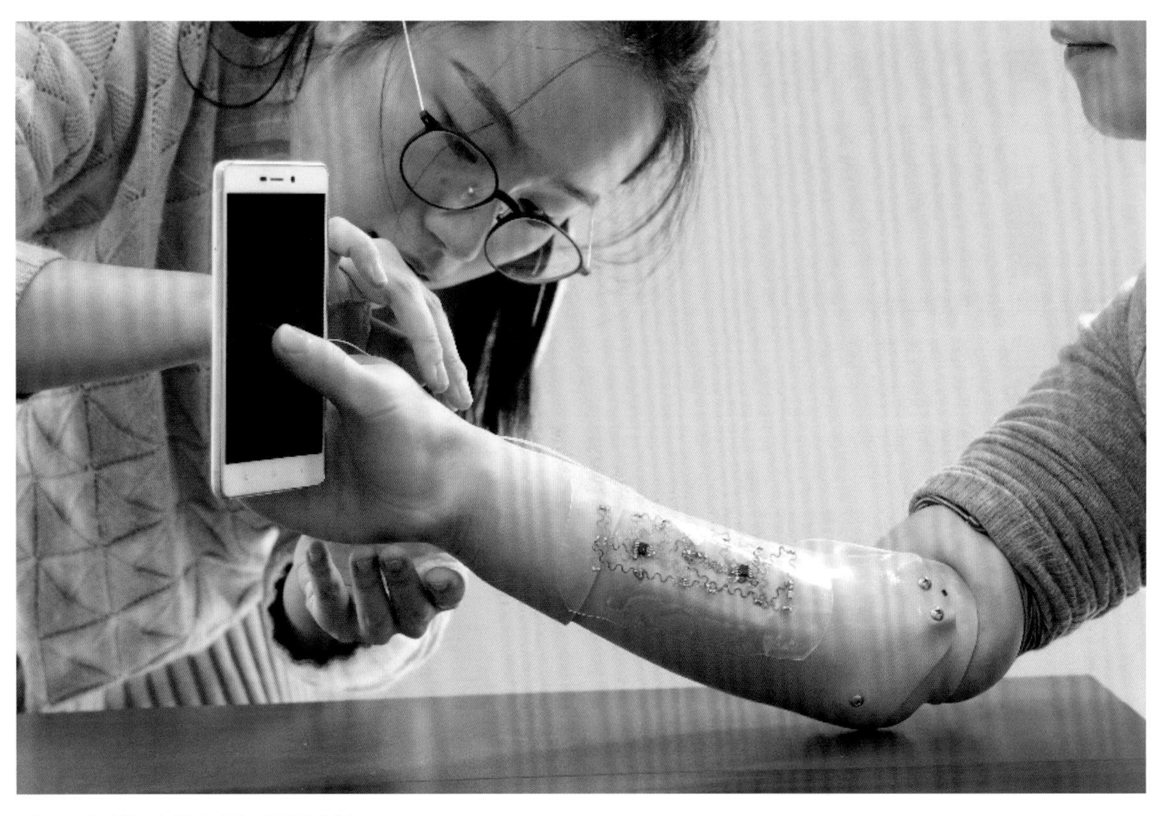

图8　李玥与实验志愿者开展实验

何响应识别再做出反馈，实现闭环的感知反馈控制是更具有挑战性和意义的事情”，张珽研究员启发到。继而，李玥和课题组同学合作，采用仿生信号编码方法将电容信号转换为人体神经能够感知的信号形式——不同频率的脉冲波，来模仿动作电位。通过将器件与信号转换电路集成，器件受到滑动摩擦力时，输出脉冲频率会增大。这样的仿生信号如果未来可以接入到神经，假肢佩戴者或许能够真正感知到物体的滑动。李玥畅想：“不仅是假肢，未来的多种可穿戴设备，或许都能够响应神经的信号，实现人机共融。”

最后，假肢手能否具备材质辨识功能，获取更丰富更精细的外界信息？李玥同学创新性地通过构筑仿指纹结构压阻式柔性触觉传感器，基于干摩擦运动中的跃动现象，并通过机器学习提取信号特征，研制了具有压力感知、滑动与静止的精确区分以及物体材质辨识能力的柔性电子指纹系统。后续将通过合作单位——上海交通大学生物医学工程学院、国家康复辅具研究中心等康复领域国内外知名研究及生产机构，积极探索该柔性触觉感知系统与假肢手集成后的功能演示及验证，以对该仿生触觉传感系统拓宽假肢感知功能的效果进行评估。

“我们的长远目标是再造人手功能，使截肢患者重获触觉。现在的工作还很微小，仍需努力探索”，李玥说。目前张珽研究员课题组前期研制的柔性压力传感器已在假肢上试用，“我很期待后续，截肢患者能佩戴上我们研发的柔性电子指纹系统，方便他们的日常生活”，李玥兴致勃勃，“这将是对我最大的鼓励，这个目标也一直鼓舞着我继续探索。”

学术江湖

黄少侠单挑玉罗刹

黄历翻到庚子年，一个轮回的开始，没想到正在享受春节假期的太平盛世竟然被一粒病毒搅乱，先是中土的江城封城，继而京城也全面戒严，这可难为了一个人：东西方不败。

话说东西方不败可不是一般人也，常年云游四海传经布道也算是江湖上一号人物，习惯了纵横四海、常常不在主持的寺院里，庙里的弟子对TA颇有些意见，这次东西方不败心想终于可以消除一下这个烦恼和误会了，于是开始日日给庙里那几个弟子开坛布道修复关系，没想到竟然适得其反，絮絮叨叨没完没了的讲经直接把那几个弟子讲到精神崩溃，各个以预防病毒传播为借口再也不出房门一步！无奈中，东西方不败又发展了一项爱好，到附近一个无人的湖上泛舟钓鱼，美其名曰修身养性，没想到暴晒三日连一条鱼也没有钓到，怒发冲冠的TA直接把渔网沉入了湖底！

如此折腾，不到一个月时间，这个平日里有着一身武艺绝学、潇洒行走天下的东西方不败大侠竟然成了被困于斗室之间的困兽，不仅传道无人听，还被庙里那几个弟子明嘲暗讽，只能装疯卖傻日日夜半放歌给猫听……

图1 窗外的野猫

话说一个雨夜，东西方不败又坐在自己的窗前，对着窗外那只频频来访的老猫大橘诉说心事，大橘是只善解人意的野猫，此时抬头望天、若有所思，大侠顺势望去，原来是窗外未摘的一串彩灯在雨夜里闪闪发光、绚丽至极，说来也巧，此时邻居家竟然传来一阵悦耳的风铃声！

东西方不败一拍脑袋：这是天意啊！不只老道我一人困于这三尺屋檐之下，那一群平日里云游天下的江湖大侠现在不都困于自己的斗室之中吗？为什么不召集这些平日里如彩灯一般光耀武林的侠客们在空中相遇来一场云中比武？他们平日里如这高高在上的彩灯大家只可见其光难以闻其声、更难以窥其武林绝学，如今把他们在云中召集起来，做一场云中比武，要他们用风铃一般悦耳的声音在云中讲解自己的独家绝学、让天下爱武之人皆有机会亲近和学习，更重要是布道天下，让每一个困在家里的人都能够在这暗夜里看到闪闪的灯光、共同度过难关，而且也不必再生自家那几个不争气的弟子的闷气！

想到这里，东西方不败打开窗户抚摸了一下大橘：你真是只识大体看大局的灵猫啊！天意不可违，马上行动！

于是，东西方不败拿出平日

里云游天下传经布道三天三夜不睡觉的精神，开始一通策划：

设立一个云擂台、找几个厉害的武林大侠每周五晚上来传经布道练练真本事、发出江湖英雄令让大家前来围观神仙打架！

云擂台好办，可这武林大侠找谁好呢？

TA第一个想到的就是江湖上赫赫有名的“玉罗刹”（John Rogers），这是西方一座大庙的方丈住持，年岁跟东西方不败相仿，不过武功确实高出了好几个量级，十年前就凭借自己的江湖绝学名满天下：一贴灵（贴皮电子），说起来简单，不管什么人只要用上一贴灵，浑身的经络气路均在掌握之中，可以说是不用一针一草即可包治百病！神技一出，武林大惊，有了一贴灵今后再也不受独门暗器解药之苦，天下太平矣！于是，江湖各大门派均把玉罗刹捧为神医，派弟子投入门下学习一贴灵神技，这玉罗刹长得温文尔雅、仪表堂堂不说，更是菩萨心肠，来者不拒倾囊相授，出师还赠与各种秘方礼物让弟子们带回自己的门派，开门收徒二十年就有了上千弟子，而且分散在武林各大门派之中，都成了妙手神医，玉罗刹自然就成了天下各大门派的座上客，每次出门布道从者众多，阵势很大。

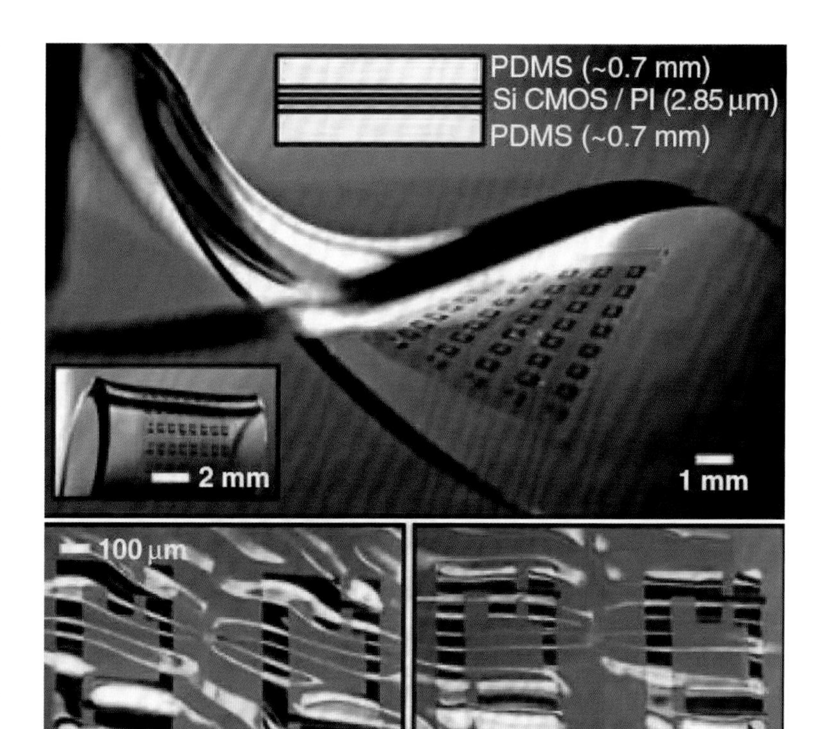

图3　贴皮电子

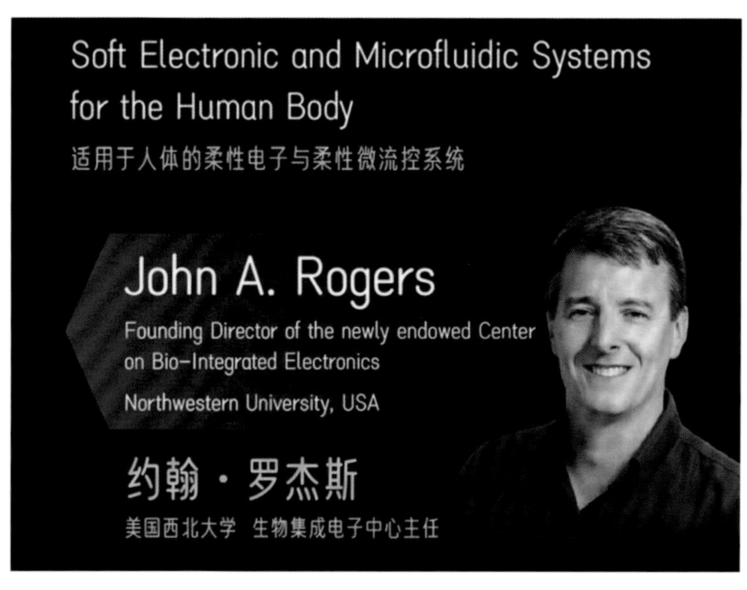

图2　玉罗刹——约翰·罗杰斯

东西方不败也是在玉罗刹的一次布道中与之相遇，布道中收获颇丰互留名号，后来机缘巧合玉罗刹布道时路过东西方不败的寺院，于是就请进来多讲了一场，会后大家把酒言欢，没想到寥寥几句大家竟然如遇知己、相见恨晚，成为莫逆之交，玉罗刹走的时候留下话：兄弟以后有啥事，尽管说，为兄一定尽全力支持！

因此，这次雨夜受大橘启发有了云擂台的想法之后，东西方不败立马给万里之外的玉罗刹发去了信号：兄弟有个新想法，如此这般把设立江湖云擂台、展示绝学、传经布道的话一说，望兄台支持！那边，玉罗刹在线秒回：兄弟所想正是为兄近日心头之事，深表赞同、大力支持，我志愿第一个登擂做示范，向饱受病毒之苦的天下武林无偿公开传授“一贴灵”神技，具体细节听兄弟安排！

收到玉罗刹的回复，东西方不败信心大增：有玉罗刹这样的江湖大佬坐镇支持，那事情就是铁板钉钉成功啦！只是为了吸引更多江湖人士的眼球还需要为玉罗刹找一位对手，人都有好斗天性，看一个人练武永远不如看两个人打架过瘾，即使是空中云擂台也是一样，一定要有对手！而且这个对手也要有足够的实力！思来想去，江湖上能够跟玉罗刹交手的人确实不多，其中大多数都是垂垂老矣的江湖掌门，可能不方便出手，手下的那些弟子又都与玉罗刹不在一个量级，很难登擂。

哎！东西方不败想：有时候人牛到没有对手也是一种烦恼啊！正苦思冥想之际，忽然看到微信上灵符跳动：

Tony Huang有事找！

这位Tony可不是一般人，自幼天资聪慧过人进入少年班，后

图4 黄少侠——黄俊

入人称江湖第一仙师——西土天使城何大师（何志明）门下，成为何大师来自中土大唐的第一个弟子，之后武艺突飞猛进成为何大师弟子中的佼佼者，出师门自立门户以后武功日益精进，加上他长得玉树临风、风流倜傥，为人处事长袖善舞、内外兼修，这些年更是凭借自己的“隔山打牛”——声流控绝技在江湖上打出了一片天地，是年轻一代里的领军人物，无奈看起来只有二十岁出头，所以江湖人称黄少侠！这还不说，他又迎娶了貌美如花的公主，一口气连生三个公子，黄少侠这日子真是“羽扇纶巾、小乔初嫁了”一般的顺风顺水简直让人嫉妒！东西方不败虽然行走江湖多年、心胸开阔，但是每次见到黄少侠也都颇感气短——内心隐隐约约有些嫉妒和冒酸水：老天爷真是偏心，天下好事怎么都被他占了?！

哈哈，这时候看着这个闪烁的微信，东西方不败不免心中暗喜：真是踏破铁鞋无觅处，得来全不费工夫啊！就他啦！让他第一个上去跟玉罗刹交手，杀杀这黄少侠的威风！于是，东西方不败鼓动三寸不烂之舌，把江湖云擂台大吹特吹一番，声言遍寻天下高手，感觉只有黄少侠配得上这第一场跟玉罗刹同场竞技！

就这样江湖云擂台赛第一场的两位高手就快速入位了！接下来东西方不败发挥自己多年传经布道攒下的人脉和忽悠技巧，给这个云擂台赛起了一个响亮的名字：iCANX Talks，iCAN是朗朗上口的口头禅（东西方不败靠这个忽悠了很多年），Talks是云擂台赛的形式，没法直接见隔空喊话吧，雅号“全球前言科技直播”，俗称“神仙

图5 宣传海报

打架”，在几位铁杆粉丝的大力支持下，事情就这样快速定了下来，趁热打铁，第二天就把江湖开设云擂台的新号令发了出去：

欢迎围观神仙打架第一场，黄少侠单挑玉罗刹！！！

一时间，沉寂多日的江湖热闹起来，众说纷纭：一向不按常理出牌的东西方不败又在折腾什么幺蛾子？黄少侠和玉罗刹这是结下的什么梁子还要网上开打？这千里万里的在网上怎么打？看着这么大阵势里里外外唱的到底是哪一出呢？……

第二日，春寒料峭的周五，京城的夜幕悄悄将临，东西方不败在家里找出多日不穿的袈裟披挂上阵，开启云共享，设好云擂台，架起绿幕做背景，把报名围观的江湖人士拉入云空间，开赛之前先邀请玉罗刹进入直播间，远隔千山万水的昔日兄弟终于在网上相见，真的是欲语泪先流：

兄弟，你还好吧？

大哥，我能好吗？你知道我云游惯了，现在呆在家里被这几个弟子折磨得快疯了……

兄弟，不说了，哥也差不多……

这时候，黄少侠青春风暴一般进来了：

我准备好了，咱们开始吧！

真是愣头青啊！面对玉罗刹这样的对手，他竟然一脸的轻松！也好，这证明他丝毫没有看穿东西方不败背后那想杀杀他威风的小心思。

下面看热闹的各位可是早就等不及了，提前半小时已经挤爆了直播间，原定报名的2000人，还没开始就翻翻了，搞得主持云擂台那几个粉丝手忙脚乱只能临时加开新的直播间，最后竟然翻了6倍！12000人！大家七嘴八舌议论不停，到底要看看神仙怎么在空中打架？到底哪个神仙更厉害？是拳怕少壮还是玉罗刹四两拨千斤？……

开场锣想起，神仙打架正式开始！由于是云擂台，不能实际交手，只能单个上场展示武功绝技，玉罗刹第一个登场，一上场就技惊四座：发挥他一贯的敏捷身手和慷慨的风范，把江湖秘笈“一贴灵”的最新配方一一道出，语速快过飞刀，下面的江湖人士个个听的目瞪口呆，听说过玉罗刹是尊大神，但是没想到神仙有这么厉害，而且是倾囊相授，毫不保留！这人品赚得是本满钵满的！直播间里喝彩声一片！

这擂还怎么打？东西方不败暗自窃喜，终于要看黄少侠的好看了！

下半场，黄少侠登场，只见他不慌不忙，展开自己的神奇包袱，首先拿出一张贴纸，告诉大家，你们都听说过：隔山打牛，没有亲眼见过吧？今天我就让你们见识一下真正的隔山打牛功夫！接下

图6 直播间喝彩声一片

来他竟然一口气展示了九种隔山打牛的神功！乖乖，这还了得！不得不说：隔山打牛，这一语双关的妙用，真的是无出其右者！一是功夫厉害，二是隔着千里万里的距离云上直接叫板玉罗刹：我来就是跟您较量的！最后，当下面的江湖人士问黄少侠：怎么看你这隔山打牛神功和玉罗刹包治百病的一贴灵？

黄少侠锋芒毕露：如果你们都跟我学隔山打牛功，那咱们这门派的影响力一定超过玉罗刹！

还好此时玉罗刹庙里有急事已经先行撤离了云擂台，如果还在，真不知道该怎么接茬！

不过，此时东西方不败却是心中暗自对这个让TA有些小嫉妒的黄少侠竖起了大拇指：年轻人还真的就是要有这样挑战权威的勇气，难怪他年纪轻轻就能在江湖上自立门户，扛起大旗，真的是前途不可限量啊！

擂台赛进行到这里，已经是午夜时分，围观江湖擂台赛的各位也在啧啧称奇之中准备退场，没想到此时一位老者带着斗笠纵身飞上擂台：何许人也？竟然如此大胆，在这个时候登场，又是为何？

只见这老者不慌不忙缓缓摘下头上斗笠：

小黄同学，为师为你感到骄傲！

原来是黄少侠在少年班的授业恩师——华山派掌门陶方丈！他听到“神仙打架”的江湖传闻以后赶来看弟子的擂台赛，本来一直在台下围观，此时激动不已就直接施展绝世轻功跃上了擂台！

这一下可不得了，不仅台下各位看得目瞪口呆，黄少侠更是毫无思想准备，在这个云擂台上见到恩师，一时间感动得语无伦次：

老师，您怎么来了？这么晚了您还在……

此时台上台下掌声四起：难怪黄少侠如此优秀，原来有这样好的授业恩师，人生大幸啊！

就这样，江湖擂台赛第一场黄少侠单挑玉罗刹在陶方丈最后意外的惊喜之中结束。

图8 黄少侠少年班恩师

巴西足球队罗伯特·卡洛斯主罚任意球

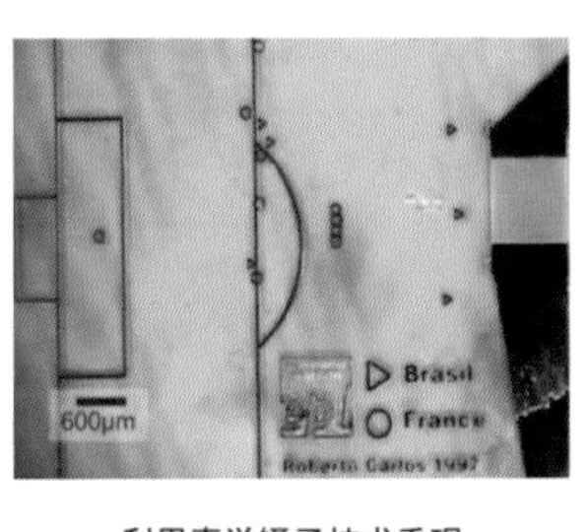

利用声学镊子技术重现

图7 声流控足球——声流控的趣味演示